基于洪水预报预警的
梯级水库汛期调度规则研究

解阳阳 黄成剑 著

中国水利水电出版社
www.waterpub.com.cn
·北京·

内 容 提 要

本书针对梯级水库汛期防洪与兴利调度的需求，以入库洪水预报、设计洪水计算、防洪优化调度与防洪预警为主线，建立了考虑关键影响因子的入库洪水预报模型；基于设计洪水误差矩阵，提出了用于设计洪水计算的多目标均衡优化方法；以防洪目标为主，兼顾兴利目标，构建了梯级水库汛期优化调度模型；建立了考虑洪水情势、蓄水状态等因素的梯级水库防洪预警指标，划分了防洪预警等级，制定了水库预警泄流策略，最终建立起基于洪水预报预警的梯级水库汛期调度规则；以黄河上游梯级水库为例，分析了梯级水库在该规则指导下的汛期调度效果，研究成果可为梯级水库汛期调度提供技术支撑。

本书可供从事水库群优化调度的科研人员和技术人员使用，也可为相关专业的高等院校师生提供参考。

图书在版编目（CIP）数据

基于洪水预报预警的梯级水库汛期调度规则研究 / 解阳阳，黄成剑著. -- 北京 ：中国水利水电出版社，2023.5
ISBN 978-7-5226-1504-2

Ⅰ．①基… Ⅱ．①解… ②黄… Ⅲ．①洪水预报－研究②梯级水库－并联水库－汛限水位－水库调度－研究
Ⅳ．①P338②TV697.1

中国国家版本馆CIP数据核字(2023)第080257号

书　　名	基于洪水预报预警的梯级水库汛期调度规则研究 JIYU HONGSHUI YUBAO YUJING DE TIJI SHUIKU XUNQI DIAODU GUIZE YANJIU
作　　者	解阳阳　黄成剑　著
出版发行	中国水利水电出版社 （北京市海淀区玉渊潭南路 1 号 D 座　　100038） 网址：www．waterpub．com．cn E - mail：sales@mwr．gov．cn 电话：(010) 68545888（营销中心）
经　　售	北京科水图书销售有限公司 电话：(010) 68545874、63202643 全国各地新华书店和相关出版物销售网点
排　　版	中国水利水电出版社微机排版中心
印　　刷	天津嘉恒印务有限公司
规　　格	170mm×240mm　16 开本　6 印张　118 千字
版　　次	2023 年 5 月第 1 版　2023 年 5 月第 1 次印刷
定　　价	**39.00 元**

前　言

在全球变暖的背景下，受极端降水事件和人类活动的影响，流域将面临更大的防洪压力，尤其是在洪涝灾害多发的汛期。梯级水库在区域防洪中具有十分重要的作用，通过对其合理调度能够有效削峰滞洪，降低洪水风险。本书以黄河上游梯级水库为例，推求入库设计洪水，建立优化调度模型，求解设计洪水的最优调度过程。基于水库实时水情、库容等指标和优化调度结果，划分水库预警等级，指导水库泄洪，并结合洪水预报模型，实现考虑洪水预报预警的梯级水库汛期调度，以期丰富水库调度方法，为其他流域梯级水库汛期调度提供借鉴。主要研究成果如下：

（1）基于洪水峰、量、形误差指标，提出用于推求设计洪水的多目标均衡优化法。该方法相比其他常用方法具有更高的精度，能够更好地满足洪水洪峰和时段洪量约束，无须手动修匀计算或反复调整算法参数，能够有效减少洪水设计计算的复杂性和不确定性。

（2）考虑历史气象和流量因素，采用逐步回归分析法筛选其中对当日洪量影响显著的预报因子，分别采用多元线性回归法（MLR）、支持向量机（SVM）和反向传播（BP）神经网络模型进行洪水预报，通过评价得出 BP 神经网络模型的洪水预报效果最好。

（3）建立考虑防洪和兴利目标的梯级水库汛期优化调度模型，结合阶梯式调度方法改进适应度函数，将各出库阶段的泄量差值作为决策变量，可在满足优化目标的前提下，确保水库均匀出流，在保证水库兴利防洪目标的前提下，达到稳定泄流的效果。

（4）基于水库防洪安全因素，构建能够反映水库综合防洪压力的防洪状态矩阵，结合设计洪水的优化调度过程划分预警等级，用于指导水库泄洪，形成防洪预警调度策略，并结合洪水预报模型，建立梯级水库汛期调度规则，重点考察了洪水期的调度效果。结果表明，汛期调度规则能够在保证防洪安全的前提下，更好地发挥水库的兴利作用，达到优于现行汛期调度规则的效果。

（5）考虑水库入流的不确定性，以汛期实测洪水为例进行实时调度，验证汛期调度规则的可行性。结果表明，梯级水库汛期调度规则能够确保水库安全度汛，及时达成兴利目标，且具有良好的科学性和操作性，可有效缓解梯级水库防洪与兴利间的矛盾，达到合理利用洪水资源的效果。

本书由中国博士后科学基金（2018M642338）、江苏省科学基金（BK20200958）和江苏省优势学科共同资助。

由于作者水平有限，书中难免有疏漏之处，恳请读者批评指正。

作者

2023 年 5 月

目 录

第 1 章

绪 论

1.1 研究背景及意义

在全球变暖的背景下，我国受极端降水事件和人类活动的影响，近四十年来洪水灾害频发[1-2]。相关研究表明[3-4]，极端降水事件在未来仍有持续增长的趋势，全球范围内将会面临更大的洪水风险。我国受洪水灾害的影响较为严重。据统计，我国大部分江河流域都曾暴发过大洪水，如黄河上游流域曾多次发生洪灾（1981 年、1989 年、2012 年等）[5]；长江、松江等流域在 1998 年发生特大洪水等[6]。由此可见，如何减弱或减少洪水灾害是我国亟待解决的重要问题。

水库建设可以有效滞蓄洪水，发挥防洪作用，是降低流域洪水风险的重要工程措施，但风险降低程度有限，在多数情况下既不经济也无必要[5]。随着治水观念的改变，人们开始考虑如何在不修或少修水利工程的前提下，通过其他手段减少洪水风险，由此提出了诸多非工程措施，如水库防洪调度、洪水预报预警、洪水风险评估等，这些方法可有效降低成本和大幅提高防洪效益。经过几十年的发展，非工程措施已逐渐被大众认可，成为防洪减灾的重要技术手段。

梯级水库是为利用河川径流，从上游至下游修建的呈阶梯式分布的水库群。截至 2019 年年底，我国已建成大中型水库 4722 座，总库容超过 8000 亿 m³，水利工程的数量与规模均位居世界前列[7]。通过水库群的联合调度，可有效保障水库群的整体综合效益。目前，长江、黄河等各大流域均已具备水库群联合调度的条件。梯级水库的数量和规模不断增加，一方面给流域带来了更大的防洪与兴利效益，另一方面也增加了水库管理运行的难度，梯级水库联合调度的任务将更加复杂繁重。

黄河上游水能资源丰富，水库水电站数量较多，是我国十三大水电基地之一[5]。兰州市是甘肃省的省会，具有重要的地理与战略意义。因此，兰州市是黄河上游龙羊峡至刘家峡段梯级水库的重点保护城市。兰州市南北群山环抱，东西黄河穿越,具有盆地城市的特征。因此,在雨季易受洪水威胁。在全球极端降水事件频发的背景下,我国西北部地区也势必会受其影响[8],由此将会给黄河上游流域带来更大的防洪压力。为了保障当地人民的生命财产安全,黄河上游梯级水库面临着重大的压力与挑战。此外,水库的兴利效益也是水库防洪调度过程中需要考虑的重要因素。因此,如何采取合理的方式对梯级水库进行联合调度是本书需要解决的关键问题。

水库在防洪减灾中发挥着关键作用,通过水库建设等工程措施,已对洪水风险实现了初步控制,同时为非工程措施的应用提供了物质基础。但是,若要进一步提高防洪效益,还需要结合水库群联合调度方法,对存在水力联系的上下游水库统一调度,充分利用水库间的补偿作用[9]。随着水利工程的建设开发,水库间的相互作用也逐渐复杂。因此,需要着重分析水库间的补偿机制,开展梯级水库联合调度研究,科学地确定各水库的蓄放水策略,实现洪水在时空上的合理分配。

在水库防洪调度中,一个汛期往往可能发生多场洪水。在一场洪水结束后,如果水库保持在较高的水位,可能会给水库后续的防洪带来压力。因此,需要建立洪水预报预警系统,为水库防洪调度提供有价值的入流信息。如何构建有效反映水库实时水情及防洪压力的预警指标体系,并结合洪水预报和水库调度模型,制定合理的泄流策略,建立考虑洪水预报预警的水库调度规则,是当前提高梯级水库防洪能力的重要课题之一。

黄河上游龙羊峡至兰州断面已建成18座梯级水电站,其中龙羊峡、刘家峡水库的调节能力最强。以龙、刘两库为主导的黄河上游梯级水库承担着区域防洪、防凌、发电等综合任务。从防洪任务来看,黄河上游梯级水库不仅承担着兰州市及下游水库、水电站的防洪安全,还要确保水库自身安全运行,其联合调度过程十分复杂。因此,本书以黄河上游梯级水库为研究对象,研究考虑洪水预报预警的汛期防洪兴利调度方法,协调梯级水库的防洪、兴利目标,研究成果可为梯级水库联合调度提供借鉴,具有重要的理论和应用意义。

1.2　国内外研究现状及发展动态分析

自20世纪40年代由美国学者Masse首次提出"水库优化调度"概念以后,国内外学者对水库(群)优化调度展开了深入研究[10]。经过几十年的发展,水库优化调度研究已较为成熟。水库群优化调度是以单库调度的理论方法为基础发展而来的,但相比单库调度更为复杂,具体体现在水库间径流和库容的补偿机制上[11]。水库优化调度研究主要可分为3个方面:①水库群优化调度模型,侧重于建立数学模型,求解实际水库调度问题;②水库群优化调度算法,侧重于采用模拟、优化等技术求解水库调度模型合理或最优的蓄放水过程；③水库群优化调度规则，即根据水库优化调度结果提取调度规则，用于指导水库调度运行。

1.2.1 水库优化调度模型研究

水库优化调度模型是根据实际水库调度问题建立目标函数、设置输入信息和约束条件所建立的数学模型或仿真模型[12]。等流量和等出力调节模型是两种经典的常规调度模型，在水利规划设计阶段应用普遍[13]。相比于常规调度模型，优化调度模型具有更大的应用潜力[14]，目前国内外学者普遍将水库优化调度模型按照隐随机优化模型（ISO）、参数模拟优化模型（PSO）和显随机优化模型（ESO）分类[15-16]。Young[17] 首次提出了 ISO 模型，将库容、入流、预报入流等信息输入模型，建立了库容与泄流的关系。ISO 模型是一种确定性优化模型，可将水库相关信息作为自变量因子建立水库优化调度规则[18]，计算步骤简单明了，可操作性强，在水库优化调度中应用广泛，但所得调度规则受调度结果与规则挖掘方法的影响较大。聂盼盼等[19] 采用 Apriori 数据挖掘算法从调度方案集中提取调度规则，结果明显优于常规调度图；郭玉雪等[20] 结合多种方法提取水库发电调度规则，结果要优于单一挖掘方法；Sangiorgio 等[21] 结合 ANN（人工神经网络）方法改进隐随机优化模型，提出一种更加适用于复杂水库群系统的调度方法，并应用于尼罗河流域；Sulis 等[22] 以 ISO 模型为框架提出一种组合模拟-优化方法，对传统 ISO 方法进行改进，有效提高了模型的计算效率。因此，隐随机优化模型的当前研究主要集中在调度规则的提取与模型的改进上。PSO 模型最先由 Koutsoyiannis[23] 提出，该模型是以参数形式控制调度规则，相比 ISO 模型省去了复杂的数据挖掘过程，更加适用于复杂水库群的联合调度。如彭勇等[24] 基于优化调度图研究深圳市水库群联合供水调度；郭旭宁等[25] 应用二维水库调度图指导水库群联合调度；He 等[26] 将聚合分解（AGDP）模型与 PSO 模型整合并采用并行渐进优化算法（PPOA）优化，以克服多目标梯级水库系统的维数灾问题；Stamou 等[27] 基于 PSO 模型研究了水-能源-粮食关系（WEF），揭示了三个目标之间的冲突与关系，旨在为水资源管理提供参考。PSO 模型能够避免梯级水库联合调度中的"维数灾"问题，又能在提取调度规则时兼顾多个目标，可获得有效的调度结果，但在应用方面不如 ISO 模型广泛。ESO 模型考虑了输入信息的不确定性，是一种基于概率分布描述入流或其他输入变量信息的随机性优化模型[28]。如王丽萍等[29] 基于贝叶斯统计原理，建立实际入流概率矩阵，进行不确定性优化调度；李文武等[30] 采用强化学习中的 HSARSA（λ）改进 ESO 模型，避免随机规划模型中的遍历问题，以解决维数灾问题；Celeste 等[31] 采用改进的 Fletcher-Ponnambalam（FP）方法求解 ESO 优化模型，该方法使用历史入流代替实际入流近似求解积分，无须假设入流量的概率分布，有效简化了 ESO 模型；Alizadeh 等[32] 基于 ESO 框架建立了考虑水库诸多不确定性因素的水利经济优化模型，并应用于伊朗的羌姆溪（Chamshir）水系。尽管 ESO 模型考虑了变量的不确定性，但当水库规模较大时，模型计算效率低下，仍然会陷入"维数灾"问题，实际应用效果不如 ISO 和 PSO。

综上所述，在构建水库调度模型时，必须要考虑模型的合理性、操作性、通用性以及应对水文信息不确定性的能力，如何结合各模型特点，解决模型求解的"维数灾"问题，是今后研究的一个重要方向。

1.2.2　水库优化调度算法研究

水库调度方法主要分为模拟方法和优化方法两大类[33]。在国外，应用较广的模拟模型有 HEC-3、HEC-5 等[34]，其中 HEC-5 模型既可用于水库群的改造或规划设计，也可用于水库群的实时调度[35]。在国内，主要有长江、黄河等各大流域水库群模拟系统等。目前，优化方法是水库调度方法研究的重点，优化方法可以分为两类。一类是以动态规划（DP）及其改进算法为代表的传统数学优化方法，具有坚实的数学理论基础，可精确求解优化调度问题。DP 算法具有全局收敛性，在解决单库调度问题方面已趋于成熟，但随着决策变量维数的增加，计算耗时呈指数级上升，求解效率大大降低，容易陷入"维数灾"的困境[36]。为此，诸多学者结合降维方法提出一系列改进算法，如灰色离散微分动态规划（GDDDP）[37]、逐次逼近法（DPSA）与动态规划（DP）嵌套方法[38]、离散梯度逐步优化算法（DGPOA）[39]、重要性采样－并行动态规划（IS－PDP）[40] 等。这些改进算法虽然在一定程度上解决了"维数灾"问题，但算法收敛速度较慢，对初始解的依赖增强，不一定达到预期优化效果[41]。为了更高效地求解水库调度模型，研究逐渐由传统优化方法转向了群智能算法（如遗传算法、粒子群算法、布谷鸟算法等）。群智能算法是人们受自然规律启发，基于仿生学原理编写的算法[42]。这类算法不依赖优化模型结构，相比传统优化算法具有更强的寻优能力，如明波等[43] 提出改进布谷鸟算法（ICS），并应用于梯级水库发电调度；吴志远等[44] 提出多目标分段粒子群算法，相比传统智能优化算法具有更高的计算效率；Pourtakdoust 等[45] 提出 Simplex－NSGAII 法，将单纯形法与遗传算法结合确保算法找到全局最优点，防止算法出现"早熟"现象；Moeini 等[46] 提出改进粒子群算法（IPSO）求解大规模的水库优化调度问题，并应用在伊朗南部的水库等。此外，随着水库对象的求解规模与复杂程度上升，求解方法正逐渐结合大系统分解协调、并行计算等技术，以进一步提高复杂调度问题的求解效率，如纪昌明等[47] 基于并行计算框架应用可行域映射理论改进 DP 算法，充分发挥多核计算机的性能优势，显著提高了计算效率；吴昊等[48] 基于大系统分解协调原理建立了递阶结构的梯级水库发电优化调度模型；Ma 等[49] 结合并行计算框架改进 DP 算法，提出一种基于 Spark 的并行 DP 算法

（PDPOS），有效缓解了 DP 算法的维数灾问题；Jia 等[50] 提出一种分解协调模型用于解决复杂水库群的多目标优化问题，利用目标协调法和模型协调法来完成全局优化，为复杂情况下的梯级水库优化调度提供了参考。

综上所述，本书认为模拟与优化方法结合将是未来的主流研究方向。模拟-优化方法结合了两者的特点，既能充分描述复杂梯级水库的调度过程，又能自动求解模型最优解，在建模与求解方面相比单一方法展现出了更大的优势，尤其适用于求解复杂水库群调度问题。此外，大系统分解协调、并行计算等方法也为模型寻优求解提供了新的思路与框架，为水库调度计算提供了有效帮助。

1.2.3 水库优化调度规则研究

调度规则是指导水库运行的重要依据，根据水库当前所处的状态（库容、水位、入流等），对同一时段的出力、下泄流量等做出决策，一般是以调度图或调度函数的形式体现[51]。调度规则的提取方式主要有两类[52]，一是预先编制特定的调度规则（含参数），再依据水库模拟或优化模型检验、评价、改进规则[53-54]；二是根据水库优化调度结果，采取数理统计或智能算法等方式挖掘调度规则[55-56]。前者在影响因子的选取上有一定的难度，在实际操作中具有一定的盲目性，而后者则通过建立影响因子与决策变量之间的关系提取调度规则，操作简便，在国内外得到了广泛应用。有关调度规则的研究众多，如解阳阳等[57] 提出一种适应水库不同时期处理特点的分期调度图，相比常规调度图的应用效果更好；张永永等[58] 研究了梯级调度函数的表征形式，并结合逐步回归方法，提出一种新的改进调度规则；Yang 等[59] 提出一种启发式输入变量选择（HIS）方法，为水库选择最合适的输入变量，提取水库运行规则；Feng 等[60] 提出一种基于类的进化极限学习机方法（CEELM）提取水库运行规则，该方法具有很强的泛化能力。无论是水库优化调度模型的构建还是求解，都是以建立合理的调度规则为目标，而防洪预警研究为复杂水库群的调度规则建立提供了一条可行的新思路。

所谓预警具体是指采用系统科学的方法，通过总结和预报灾害发生的历史规律和未来概率，分析未来发生灾害事件的可能性，并以特定形式向有关部门发布警讯，应对可能发生的危险情况，旨在减少损失[61-62]。防洪预警系统是防洪体系中的重要组成部分，为水库防洪调度决策提供了有效参考。国内外无数事例表明，必须将工程措施和非工程措施密切配合，才能够有效提高水库的防洪效益，减少洪涝灾害带来的损失。

在国外，部分发达国家已将防洪预报、预警、调度方法整合，建立起完备的一体化系统[63]。早在 20 世纪 70—80 年代，美国就已在部分流域将防洪预警系统投入应用。随着计算机技术的发展，美国逐渐建立起结合 3S 技术的防洪预警系统，可准确预报洪水过程并发布预警信息。英国使用的 FFWRS 系统（洪水预报、预警、响应）也已在技术应用方面实现全自动化，具有预报精度高、应用范围广等特点。

在预警理论与方法研究方面，Parker 等[64] 分析了欧洲 FFWRS 系统存在的预警链缺陷，并建议结合气象和水文预报来进一步改进预警系统；Alfieri 等[65] 以 GloFAS 系统为依托，提出一种新的方法来估计预警阈值，有效提高了模型在较长遇见期内的洪水监测和预警能力；Chang 等[66] 结合机器学习改进 EWFS 系统（洪水预报预警系统），开发智能水文信息平台，提高了系统的预报能力和洪水风险决策能力；Marco 等[67] 基于深度学习模型中的 LTSM 算法研究基于数据驱动的洪水预报预警模型的可靠性，为缺乏物理信息的预警模型构建提供参考；Goodarzi 等[68] 采用模糊-Topsis 模型开发基于大气集合预报的洪水预警系统，以解决不同防洪标准下的预警等级不确定性问题。

我国在防洪预警系统建设方面起步较晚，但近几年发展迅速，逐渐缩小了与发达国家的差距。自 1998 年特大洪水之后，国家开始大力建设防汛指挥系统。万定生等[69] 针对中小河流域存在的数据缺失、异常等问题，开发了洪水预报预警智能调度平台，并已在部分流域推广应用；涂华伟等[70] 构建考虑土壤含水量对洪水影响的分布式水文模型，提出一种适用于无资料地区的洪水预警方法；梁忠民等[71] 将洪水量级预报的精度和可靠度指标相结合，提出一种洪水超前预警综合评价方法；寇嘉玮等[72] 将水动力学模型内嵌于 B/S 系统进行洪水预报预警，构建了洪泽湖地区的预报预警系统；郭磊等[73] 构建了考虑水动力、洪水影响等多项要素的预报调度模型，为流域风险预警预报提供方法支撑。

以上研究成果在一定程度上推进了防洪预警的发展。对于水库群系统来说，水库群的状态和当前的泄流策略是影响水库防洪的主要因素，防洪预报预警系统可与水库调度模型结合作为一类特殊的水库调度规则，指导水库运行，而在现有研究中还较少将防洪调度模型与防洪预报预警系统相结合，因此需要进一步地分析与讨论。

1.3　研究内容与研究方案

1.3.1　研究内容

本书以黄河上游梯级水库为主要研究对象，基于洪水特征要素，研究设计洪水推求方法，结合流域气象水文资料，建立短期洪水预报模型，构建考虑兴利效益的梯级水库防洪优化调度模型，融合预报预警系统，提取梯级水库汛期调度规则，为流域梯级水库联合调度提供理论依据与方法模式。主要研究内容如下：

（1）洪水预报。采用多元线性回归（MLR）、支持向量机（SVM）和反向传播（BP）神经网络模型，构建耦合气象信息的短期洪水预报模型，并评价不同预报模型的精度，选取最佳的洪水预报模型。

（2）洪水设计。基于均衡优化理论建立设计洪水放缩模型，采用遗传算法求解，用于推求设计洪水，并将该方法计算结果与其他常用方法（同频率直接放大法、罚函数法）进行对比分析，选取最优设计洪水计算方法。

（3）水库优化调度建模与求解。构建梯级水库汛期兴利防洪优化调度模型，采用遗传算法求解，根据设计洪水对梯级水库进行联合优化调度，最后得到各水库的均匀泄流过程。

（4）梯级水库汛期调度规则的建立。采用防洪预警方法实时调整泄流过程，根据预警评价指标选择合理泄流策略，及时调整出流，降低洪水风险，结合洪水预报模型实现梯级水库的汛期合理调度。

1.3.2 研究方案

本书技术路线图如图 1.1 所示。

（1）收集整理相关资料。主要收集黄河上游流域气象资料、重要水文控制站的逐日实测流量资料、梯级水库水电站资料。

（2）建立短期洪水预报模型。以日为最小计算时段，将前 3 日的逐日气象水文要素（降水量、风速、气温、湿度、日照时数、径流量）作为输入，分别采用多元线性回归（MLR）、支持向量机（SVM）和反向传播（BP）神经网络模型构建水文预报模型用于预测未来 1 日的可能径流量，并对预报模型进行综合评价，推荐最优的洪水预报模型。

（3）建立设计洪水推求模型。构建反应典型洪水与设计洪水差异的误差向量；以误差向量为基础建立多目标均衡优化模型；最后采用优化算法求解模型，推求设计洪水。

（4）建立基于兴利防洪的梯级水库优化调度模型。基于梯级水库联合调度规则，提出若干项防洪兴利指标，构建以防洪为主兼顾兴利效益的优化调度模型。以设计洪水作为输入，采用优化算法求解，为后续防洪预警指标的建立提供依据。

（5）建立梯级水库防洪预警指标。基于水库实时水情、库容利用情况等指标构建防洪状态矩阵，用于反映梯级水库的综合防洪压力，结合水库优化调度过程划分水库预警等级，制定相应泄流策略，指导水库泄洪。

（6）建立梯级水库汛期调度规则。以防洪预警方法为基础，以汛期的来水特点与兴利目标建立汛期调度规则，并结合洪水预报模型，滚动预测当日洪量，实现汛期实时调度，提出梯级水库汛期调度方法策略。

（7）调度规则检验，以洪水期和汛期的天然流量为基础，验证梯级水库汛期调度规则的可行性，并与现行汛期调度规则对比，从防洪与兴利效益、科学性、操作性三个方面综合评价调度规则。

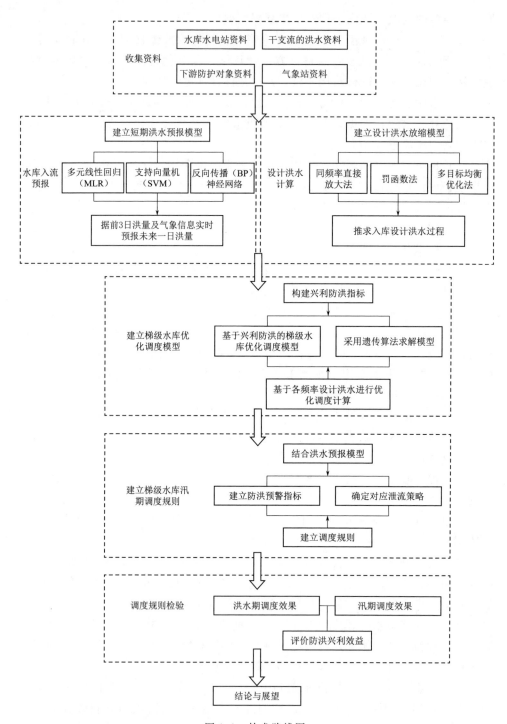

图 1.1　技术路线图

第 2 章

研究区概况及基本资料

2.1 研 究 区 概 况

黄河发源于青藏高原的巴颜喀拉山脉，从上游至下游流经青海、四川、甘肃等 9 个省（自治区），最后汇入渤海。干流总长 5464km，河道落差 4480m，流域面积 79.5 万 km^2，为我国的第二大河流[74]。

黄河上游为河源至内蒙古河口镇河段，位于 32.5°~41.8°N、95°~101.1°E 之间，依次流经青海、四川、甘肃、宁夏和内蒙古 5 个省（自治区），河段长 3472km，落差 3494m，河段平均比降 1‰，流域面积 42.8 万 km^2，占全流域面积的一半以上[75]。黄河上游流域水库及气象站分布情况如图 2.1 所示。黄河上游河

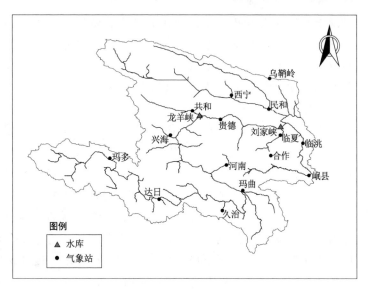

图 2.1　黄河上游流域水库及气象站分布情况

段水量充足，尤其是兰州断面以上河段，天然径流量占全流域的 55.6%，是黄河流域的重要产水区，也是我国重点开发建设的水电基地之一。此外，该河段由于水多沙少的特点（年输沙量占全黄河输沙量的 8%），是重要的清水来源区，区间有洮河、湟水等多条重要支流汇入，是黄河主要的支流集中区段之一。

2.2　基　本　资　料

本书以黄河上游流域（兰州断面以上）的龙、刘梯级水库作为主要研究对象。黄河龙羊峡—兰州河段区间汇入流量主要来自洮河、湟水，其流域面积分别为 2.50 万 km^2 和 1.53 万 km^2，黄河龙羊峡—兰州河段区间节点如图 2.2 所示。

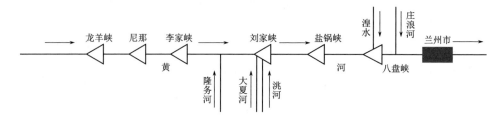

图 2.2　黄河龙羊峡—兰州河段区间节点图

2.2.1　水库及防护对象资料

黄河上游梯级水库主要承担发电、防洪、灌溉、防凌等多项任务，是目前国内综合利用任务最多、运行最复杂的梯级水库之一。自龙羊峡水库和刘家峡水库投入运行以后，黄河上游逐渐形成了以龙、刘两库主导的梯级水库联合调度模式，通过对两库联合调度达到兴利防洪的目的。

（1）龙羊峡水库。

龙羊峡水库位于青海省共和县黄河上游，于 1989 年竣工投入使用，水库总库容 247 亿 m^3，其中调节库容为 193.5 亿 m^3，为多年调节水库。水库集水面积 13.14 万 km^2，多年平均天然径流量达 210 亿 m^3。龙羊峡水库是黄河上游流域唯一的多年调节水库，为黄河上游的"龙头水库"。通过利用其巨大的调节库容可将汛期的多余水量蓄存到非汛期使用，甚至能够改变径流的年际分配，发挥多年调节的作用。龙羊峡水库与刘家峡水库水力联系密切，通过联合调度可有效提高黄河的水资源利用率，提高下游防洪对象的防洪标准，提高梯级水电站的保证出力，能在一定程度上协调防洪与兴利间的关系。

1）主要经济技术指标，见表 2.1。

表 2.1　　　　　　　　　　龙羊峡水库主要经济技术指标

技术指标	数　值	技术指标	数　值
设计洪水洪峰流量/（m³/s）	7040	死水位/m	2530
校核洪水洪峰流量/（m³/s）	10500	总库容/亿 m³	274
最高蓄水位/m	2607	拦洪库容/亿 m³	52.56
设计洪水位/m	2602.25	死库容/亿 m³	54.3
汛限水位/m	2594		

2）水位-库容关系，见表 2.2。

表 2.2　　　　　　　　　　龙羊峡水库水位-库容关系

水位/m	库容/亿 m³	水位/m	库容/亿 m³
2560	117.8	2586	196.1
2562	123	2588	203
2564	128.4	2590	210.1
2566	133.9	2592	217.3
2568	139.6	2594	224.6
2570	145.3	2596	232
2572	151.2	2598	239.4
2574	157.2	2600	247
2576	163.4	2602	254.6
2578	169.7	2604	262.4
2580	176.1	2606	270.2
2582	182.6	2608	278.2
2584	189.3	2610	286.3

3）水库下泄能力与坝前水位关系，见表 2.3。

表 2.3　　　　　　　　　　龙羊峡水库下泄能力与坝前水位关系

水位/m	泄流能力/（m³/s）	水位/m	泄流能力/（m³/s）
2560	4371	2568	4760
2562	4475	2570	4848
2564	4576	2572	4935
2566	4671	2560	4371

续表

水位/m	泄流能力/（m³/s）	水位/m	泄流能力/（m³/s）
2562	4475	2592	6393
2564	4576	2594	6867
2566	4671	2596	7397
2568	4760	2584	5398
2570	4848	2586	5508
2572	4935	2588	5722
2574	5020	2590	6003
2576	5103	2592	6393
2578	5180	2594	6867
2580	5251	2596	7397
2582	5326	2598	7948
2584	5398	2600	8509
2586	5508	2602	9110
2588	5722	2604	9772
2590	6003	2605	10095

（2）刘家峡水库。

刘家峡水库位于甘肃省临夏永靖县，于1974年竣工投入使用，水库总库容57亿 m³，其中调节库容41.5亿 m³，为年调节水库。水库集水面积18.2万 km²，多年平均天然径流量达270亿 m³，是以发电为主，兼顾防洪、防凌等综合功能的大型水利枢纽。

1）主要经济技术指标，见表2.4。

表 2.4　　　　　　　　刘家峡水库主要经济技术指标

技术指标	数　值	技术指标	数　值
设计洪水洪峰流量/（m³/s）	8720	死水位/m	1694
校核洪水洪峰流量/（m³/s）	10600	总库容/亿 m³	57
最高蓄水位/m	1735	拦洪库容/亿 m³	11.44
设计洪水位/m	1735	死库容/亿 m³	15.5
汛限水位/m	1726		

2）水位-库容关系，见表2.5。

表 2.5 刘家峡水库水位-库容关系

水位/m	库容/亿 m³	水位/m	库容/亿 m³
1700	9.3	1718	21.1
1701	9.8	1719	22
1702	10.3	1720	23
1703	10.9	1721	23.9
1704	11.46	1722	25
1705	12.1	1723	26
1706	12.7	1724	27
1707	13.3	1725	28.1
1708	13.9	1726	29.2
1709	14.5	1727	30.4
1710	15.1	1728	31.7
1711	15.7	1729	32.9
1712	16.4	1730	34.2
1713	17.1	1731	35.5
1714	17.8	1732	36.8
1715	18.6	1733	38.1
1716	19.4	1734	39.4
1717	20.2	1735	40.7

3）水库下泄能力与坝前水位关系，见表 2.6。

表 2.6 刘家峡水库下泄能力与坝前水位关系

水位/m	1715	1720	1725	1730	1735	1738
溢洪道/（m³/s）	0	590	1671	2880	3789	4100
泄水道/（m³/s）	1228	1302	1370	1436	1500	1514
泄洪道/（m³/s）	1670	1805	1930	2050	2150	2200
排沙洞/（m³/s）	90	95	98	102	105	108
机组过水/（m³/s）	900	900	900	900	900	900
合计/（m³/s）	3888	4692	5969	7368	8444	8852

（3）防洪对象及防洪标准。

本书主要考虑龙羊峡、刘家峡水库及下游防护对象李家峡、盐锅峡、八盘峡水电站、兰州市的防洪安全，具体防洪标准见表2.7。

表 2.7		防护对象及防洪标准		
防洪对象	防洪标准	安全泄量 / （m³/s）	龙羊峡控制泄量 / （m³/s）	刘家峡控制泄量 / （m³/s）
龙羊峡水库	1000 年一遇	4000	4000	
李家峡水电站	1000 年一遇	4100	4000	
刘家峡水库	可能最大洪水	敞泄	6000	敞泄
盐锅峡水电站	2000 年一遇	7260	6000	7260
八盘峡水电站	1000 年一遇	7350	4000	4510
兰州市	100 年一遇	6500	4000	4290

2.2.2 水文与气象资料

（1）水文资料。

本书水文资料来自《中华人民共和国水文年鉴》，主要收集了 1960—1990 年流域水文站的逐日平均流量。龙羊峡水库和刘家峡水库的典型洪水年为 1964 年和 1967 年[76]，一次洪水过程持续 40d 左右，具有历时长、洪量大、涨落慢等特点；多为单峰型洪水，峰量关系好。1964 年洪水峰型尖瘦，1967 年洪水峰型矮胖，如图 2.3 所示。

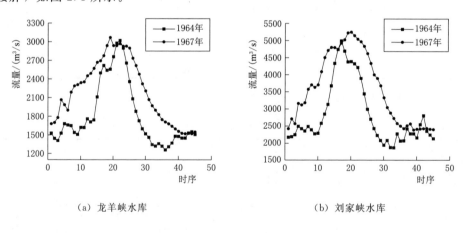

（a）龙羊峡水库　　　　　　　（b）刘家峡水库

图 2.3　龙羊峡水库、刘家峡水库典型洪水过程

依据表 2.8 中的龙、刘两库设计洪水成果[5]，可采用放大典型洪水过程线的方法推求各频率下的设计洪水过程线。

（2）气象资料。

本书气象资料来自中国气象科学数据共享服务网，主要收集了 1953—2021

年流域周边气象站的逐日平均降水量、风速、气温、湿度与日照时数。

表 2.8 　　　　　　　　　　　　龙、刘两库设计洪水成果

水库	特征值	洪水频率/%							
		10	5	1	0.2	0.1	0.05	0.01	PMF
龙羊峡	$Q_{max}/(m^3/s)$	3660	4200	5410	6570	7040	7540	8650	10500
	$W_{15max}/亿\ m^3$	38.1	43.4	55	66	71	75.7	86.5	105
	$W_{45max}/亿\ m^3$	89.3	102	128	155	164	175	199	240
刘家峡	$Q_{max}/(m^3/s)$	4740	5430	6860	8270	8860	9450	10800	13000
	$W_{15max}/亿\ m^3$	50.9	58.2	73.6	89	95.1	101	116	135
	$W_{45max}/亿\ m^3$	118	132	162	190	201	213	238	285

2.3 本 章 小 结

本章主要介绍了黄河上游流域的基本概况，并对梯级水库与下游防护对象的防洪标准与技术参数进行了说明，介绍了水文气象资料的来源，并对龙羊峡、刘家峡两库的典型洪水特征进行分析，整理了两库的设计洪水资料，为后续入库洪水预报与设计洪水计算奠定了基础。

第 3 章

梯级水库汛期入流预报与设计洪水计算

3.1 水库汛期入流预报模型的确定

水库防洪调度是降低洪水风险的重要非工程措施,在实际调度中,由于水库来水存在不确定性,能否准确预估当日洪量将直接影响水库调度决策。为此,需要构建能够精确预测径流过程的洪水预报模型。本书基于多元线性回归、支持向量机、BP神经网络方法构建融合气象信息的汛期入流预报模型,以进一步提高模型预报精度,并对预报模型进行评价。

3.1.1 洪水预报因子的筛选

洪水预报是水库防洪调度的基础,预报精度的高低直接关系着梯级水库的调度计划和综合效益。气象要素与水库径流在物理成因方面有着密切的联系,相关研究表明,将气象因子引入预报模型有助于提升模型的预报精度[77]。因此,本书旨在构建一个融合气象信息的短期洪水预报模型。水库防洪预警依赖于洪水预报的结果,预见期越长,不确定性因素对预报结果的影响越大;预见期越短,不确定性因素的作用效果越小。综合考虑,本书将预见期定为1日,以前3日的气象水文信息作为模型输入变量,用于预测当日洪量。

在构建模型时,预报因子作为模型的输入变量将直接影响到洪水预报的准确率和实效性。因此,需要筛选出一批与预报对象相关性良好的预报因子。本书涉及的预报因子为降水量、风速、气温、湿度、日照时数以及径流量。在径流因子方面,唐乃亥水文站是黄河的干流控制站,将该站点的径流量作为龙羊峡的径流因子(用于预测龙羊峡入库洪水);隆务河、大夏河、洮河是汇入龙-刘区间的较大支流,将这些支流控制站点的径流量作为龙-刘区间的径流因子(用于预测龙-刘区间的汇入洪水)。在气象因子方面,采用泰森多边形法,计算龙、刘两库邻近气象站点的平均气象要素（图3.1），将其引入洪水预报模型。最后，采用逐步回归分析法筛选对预报对象影响显著的预报因子，将筛选后的预报因子用于建立洪水预报模型。

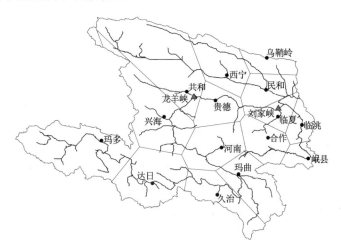

图3.1　泰森多边形法计算平均气象要素示意图

3.1.2　多元线性回归预报模型

多元线性回归（MLR）是一种建立多个自变量与因变量间定量关系的数理统计方法，该方法具有结构简单、理论严谨等特性，常用于水文时间序列预报[78]。本书应用该方法来预测未来洪量。

假设存在 n 个影响预报量的预报因子 x_1，x_2，$\cdots$，x_n，通过多元线性回归分析，建立预报量与预报因子间的多元线性回归方程，见式（3.1）。

$$y = a_0 + a_1 x_1 + a_2 x_2 + \cdots + a_n x_n + \varepsilon \tag{3.1}$$

式中：a_0，a_1，$\cdots$，a_n 为回归系数；ε 为随机误差项。

3.1.3　支持向量机预报模型

支持向量机（SVM）是一种基于 VC 维理论和结构风险最小化原理建立的机器学习算法，常用于解决回归与分类问题[79]，在水文预报中应用广泛。在建立模型时需要确定的参数有：核函数的类型、惩罚因子 C、核系数 g。

确定合理的评估函数 $f(x)$ 使结构风险 R 最小化是构建 SVM 模型需要考虑的关键问题。通过引入松弛因子 $\xi_i \geqslant 0$，$\xi_i^* \geqslant 0$，使得模型能够在拟合过程中允许一定程度的必要误差，评估函数见式（3.2）。

$$\min R = \frac{1}{2} \| w \|^2 + c \sum_{i=1}^{k} (\xi_i + \xi_i^*)$$

$$s.t \begin{cases} y_i - f(x) \leqslant \varepsilon + \xi_i \\ f(x) - y_i \leqslant \varepsilon + \xi_i^* \end{cases} \tag{3.2}$$

式中：ε 为误差容限；$c\sum\limits_{i=1}^{k}(\xi_i+\xi_i^*)$ 为经验风险；$\frac{1}{2}\parallel w\parallel^2$ 为正规化部分。

采用拉格朗日法求解上述规划问题，最终得到的回归函数见式（3.3）。

$$f(x)=\sum_{i=1}^{N}(a_i-a_i^*)K(x,x_i)+b \tag{3.3}$$

式中：$\sum\limits_{i=1}^{N}(a_i-a_i^*)$ 为约束条件；a_i，a_i^* 区间为 $[0，C]$；$K（x，x_i）$ 为核函数。

本书基于 MATLAB 平台的 LibSVM 工具箱构建 SVM 模型，经过多次试算验证，确定模型的核函数类型以及各项参数。

3.1.4　反向传播神经网络预报模型

BP 神经网络是一种多层前馈神经网络，采用误差反向传播算法调整各层间的权值与阈值[80]。BP 神经网络结构主要有输入层、隐含层、输出层三个部分，通过训练学习网络建立各层间的规则，最终给出期望输出值。图 3.2 为三层 BP 神经网络结构。

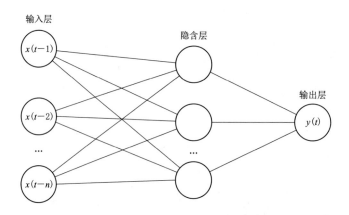

图 3.2　三层 BP 神经网络结构示意图

在图 3.2 中，t 为预报径流量的所在时段，$x（t-i）$ 为 t 时段之前第 i 个时段（$i=1$，$\cdots$，n）的预报因子，n 为滞时，$y（t）$ 为 t 时段的预报径流量。通过输入相关气象水文要素，经由模型训练学习，最终输出预报径流量。构建预报模型时，以日为计算时段。

BP 神经网络中的参数主要有隐含层的层数和神经元数目，以及传递信息时涉及的激活函数和学习算法。常用的激活函数有线性函数、正切 S 型函数等；常用的学习算法有最速下降 BP 算法、动量 BP 算法等。

本书基于 MATLAB 工具箱建立 3 层结构 BP 神经网络模型，包括输入层、隐含层、输出层各 1 个，其中隐含层神经元个数按经验公式式（3.4）确定，输入层到隐含层的激活函数为 Sigmoid 函数，隐含层到输出层的传递函数为线性函数，采用 trainbr 函数训练网络。

$$l = \sqrt{m+n} + a \tag{3.4}$$

式中：l 为隐含层神经元个数；m 为输入层神经元个数；n 为输出层神经元个数；a 为 1～10 之间的数。

构建预报模型时，以日为计算时段，输入 t 时段前 n 天的相关预报因子，输出 t 时段的径流量。

3.1.5　洪水预报模型的评价

根据模拟与实测数据采取适当准则评估模型精度是筛选预报模型的重要途径。本书将纳什效率系数（NSE）、均方根误差（$RMSE$）、平均绝对误差（MAE）和平均相对误差绝对值（$MAPE$）作为洪水预报模型的评价指标。

$$NSE = 1 - \frac{\sum_{t=1}^{T}(Q_p^t - Q^t)^2}{\sum_{t=1}^{T}(Q_p^t - \overline{Q})^2} \tag{3.5}$$

$$RMSE = \sqrt{\frac{1}{m}\sum_{t=1}^{m}(Q_p^t - Q^t)^2} \tag{3.6}$$

$$MAE = \frac{1}{m}\sum_{t=1}^{m}|(Q_p^t - Q^t)| \tag{3.7}$$

$$MAPE = \frac{1}{m}\sum_{t=1}^{m}\left|\frac{Q_p^t - Q^t}{Q^t}\right| \times 100\% \tag{3.8}$$

式中：T 和 m 分别为预报模型率定期和检验期的时段数；Q^t 为 t 时段的真实值；Q_p^t 为 t 时段的预测值。

NSE 越接近 1 表示模型精度越高，NSE 越接近 0 表示总体结果可信，但过程误差较大，NSE 越小表示模型精度越差；$RMSE$ 用于衡量预测值与实际值间的偏差，$RMSE$ 越接近 0 表明模型的预测效果越好；MAE 用于反映预测值与实际值的相对误差情况，MAE 越接近 0 表明模型的预测效果越好；$MAPE$ 用于反映预测值与实际值的绝对误差情况，$MAPE$ 越接近 0 表明模型的预测效果越好。

3.2　设计洪水计算方法

设计洪水是指符合特定防洪标准的洪水过程，是防洪规划设计的重要依据[81]。在实际的防洪风险评估中，大型水库的防洪标准往往很高，可达到千年一遇甚至万年一遇。然而，目前水文频率分析法的精度不高，难以满足水库入库洪水设计的需求[82]。因此，有必要研究合理的方法推求水库的入库设计洪水。

由于洪水的发生时间及过程存在随机性，很难根据洪水的统计规律推求特定频率的洪水过程线。在我国多采用放大典型洪水过程线的方法（同倍比或同频率法）推求不同频率下的设计洪水[83]。同频率放大法在实际推求设计洪水过程中应用较为广泛，但是该方法也存在着以下缺点：当洪水峰、量关系较差时，采用该方法会使洪水过程线在时段分界处出现突变。采用徒手修匀方式，在很大程度上增加了设计洪水推求过程的复杂性[84]；放大后的典型洪水过程线形状会随洪水峰量关系变化而改变，难以保持原先的形状。针对现有方法的缺点，本书将系统均衡和优化思想用于解决设计洪水的推求问题，提出一种新方法，即多目标均衡优化法。该方法基于不同设计洪水要素构建洪水设计误差指标向量（简称"误差向量"），根据该误差向量进一步建立多目标均衡优化模型，并采用优化算法求解模型，可直接得到满足特定设计标准的洪水过程线。总体而言，该方法能使设计洪水较好地保持典型洪水的过程线形状，无须手动修匀计算或反复调整算法参数，大大减少了计算的复杂性和不确定性，具有很强的实用性。本书将该方法与另外两种改进的设计洪水推求方法进行对比，以便得到更符合设计标准的设计洪水过程线。

3.2.1　同频率直接放大法

同频率直接放大法是一种能够直接推求设计洪水过程线的方法，它的基本原理是根据设计标准下的洪峰流量和时段洪量，分段推求设计洪水过程线[85]。为了避免繁琐的修匀计算，直接得出计算结果，该方法在时段衔接点处取短时段放大倍比进行计算。例如，在最大 1d 和最大 3d 洪量分界点处，采用最大 7d 的放大倍比计算。以历时 7d 的洪水为例，其计算步骤如下。

首先，根据洪水峰、量关系确定洪峰或最大 1d 洪量的放大倍比，见式（3.9）。

$$K_{Q_m} = \frac{Q_{mp}}{Q_{max}} \text{ 或 } K_1 = \frac{W_{1p}}{W_1} \tag{3.9}$$

式中：K_{Q_m} 和 K_1 分别为洪峰和最大 1d 洪量的放大倍比；Q_{mp} 和 Q_{max} 分别为特定频率设计洪水和待推求设计洪水的洪峰流量；W_{1p} 和 W_1 分别为特定频率设计洪水和待推求设计洪水的最大 1d 洪量。

其次，根据时段洪量差推导最大 3d 的洪量放大倍比 K_3，同理可得最大 7d 的洪量放大倍比 K_7。因篇幅所限，放大倍比的推导步骤和部分洪量的计算公式可参考文献 [85]，本书不再赘述。

最后，根据放大倍比按先短时段后长时段放大的顺序推求设计洪水。

$$K_3 = \frac{2(W_{3p} - W_{1p}) - K_1(\Delta t_j Q_{1,1} + \Delta t_{j+m} Q_{1,m})}{2(W_3^1 + W_3^2)} \tag{3.10}$$

$$K_7 = \frac{2(W_{7p} - W_{3p}) - K_3(\Delta t_i Q_{3,1} + \Delta t_{i+j+m+n} Q_{3,j+n})}{2(W_7^1 + W_7^2)} \tag{3.11}$$

式中：W_{3p}、W_{7p} 分别为特定频率设计洪水的最大 3d 和 7d 洪量；Δt_i、Δt_j、Δt_{j+m}、$\Delta t_{i+j+m+n}$ 分别为流量 $Q_{7,i}$ 与 $Q_{3,1}$、$Q_{3,j}$ 与 $Q_{1,1}$、$Q_{1,m}$ 与 $Q_{3,j+1}$、$Q_{3,j+n}$ 与 $Q_{7,i+1}$ 对应的时段长度；W_3^1、W_7^1 分别为典型洪水最大 3d 和 7d 的左侧部分洪量，W_3^2、W_7^2 分别为典型洪水最大 3d 和 7d 的右侧部分洪量，表现为阴影部分如图 3.3 所示。

图中左右两侧的端点分别为洪水的起涨点和退水点，$Q_{\max}$ 为洪峰流量。

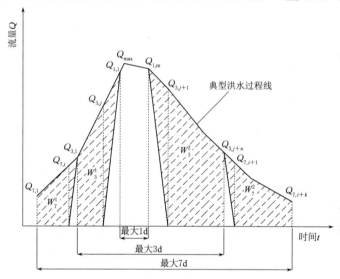

图 3.3　典型洪水部分洪量示意图[85]

3.2.2　罚函数法

罚函数法是将洪水放大过程归纳为一个带约束的极值优化问题，在保证峰、量的前提下，尽量使放大后的洪水保持典型洪水的过程线形状。在构建设计洪水放缩模型时，以设计洪水与典型洪水斜率离差之和最小化为目标，以待推求设计洪水峰、量等于设计值为约束条件。为了便于求解该模型，通常按式 (3.12) 将约束条件转换成罚函数的形式[86]。在求解基于罚函数法建立的设计洪水放缩模型时，需要根据经验选取惩罚因子，然而在实际计算中惩罚因子的选取很难把握[87]。若惩罚因子过小，则难以起到约束作用；若惩罚因子过大，则会导致结果出现较大的偏差，需要反复调整参数进行计算。

目标函数：

$$\min f = \sum_{i=2}^{m} \left| \frac{Q_p(i) - Q_p(i-1)}{\Delta t} - \frac{Q(i) - Q(i-1)}{\Delta t} \right|$$
$$+ w_1 \left| Q_{\max} - Q_{mp} \right| + w_2 \left| W_{1d} - W_{1p} \right| \quad (3.12)$$
$$+ w_3 \left| W_{3d} - W_{3p} \right| + w_4 \left| W_{7d} - W_{7p} \right|$$

式中：m 为离散点数量；$Q_p(i)$ 和 $Q(i)$ 分别为待推求设计洪水和典型洪水第 i 时段的流量；$Q_{\max}$ 为待推求设计洪水的洪峰；Q_{mp} 为设计标准对应的洪峰；W_{1d}、W_{3d}、W_{7d} 分别为 1d、3d、7d 洪量；W_{1p}、W_{3p}、W_{7p} 分别为设计标准对应的 1d、3d、7d 洪量；w_1、w_2、w_3、w_4 为惩罚因子。

3.2.3　多目标均衡优化法

均衡和优化分别代表着系统的两种发展状态，均衡表示系统内的各项要素能够稳定、平衡的发展，而优化代表系统内的各项要素能够朝着有利的方向发展。将均衡与优化两者结合起来旨在使系统能够在均衡条件下，通过优化实现整体朝着有利的方向发展[88-89]。多目标均衡优化法[83] 正是基于这一理论所提出的。

采用优化方法推求设计洪水在本质上是一个多目标优化问题，待推求设计洪水既要保证洪峰和时段洪量满足设计标准，又要尽量保持典型洪水过程线形状，但洪水峰、量、形之间又存在着一定的矛盾。在求解此类问题时，一般的罚函数法会侧重于某项指标的优化而忽略了整体的均衡。多目标均衡优化法在误差向量的基础上建立相应的均衡优化模型，通过优化算法求解该模型，实现设计洪水朝着有利方向整体优化、均衡优化。其中，误差向量由洪峰误差、洪量误差和形状误差等三项指标共同构成。

误差向量表示如下：
$$A = [f_1, f_2, f_3, f_4, f_5] \quad (3.13)$$

$$\begin{cases} f_1 = \left| Q_{\max}/Q_{mp} - 1 \right| \times 100\% \\ f_2 = \left| W_{1d}/W_{1p} - 1 \right| \times 100\% \\ f_3 = \left| W_{3d}/W_{3p} - 1 \right| \times 100\% \\ f_4 = \left| W_{7d}/W_{7p} - 1 \right| \times 100\% \\ f_5 = \left| 1 - r_{Q,Q_p} \right| \times 100\% \end{cases} \quad (3.14)$$

式中：f_1 表示洪峰误差，f_1 越小则推求设计洪水洪峰越接近设计值；f_2、f_3、f_4 表示时段洪量误差，f_2、f_3、f_4 越小则推求设计洪水洪量越接近设计值；f_5 表示形状误差，f_5 越小则推求设计洪水形状越接近典型洪水形状；r 为待推求设计洪水与典型洪水的 Pearson 相关系数。

根据误差向量建立均衡优化目标函数见式（3.15）。目标函数由两部分组成，前半部分用于控制误差向量的平均值最小，后半部分用于控制误差向量的标准差最小。

均衡优化目标函数：

$$\min f = \text{mean}(A) + \sigma(A) \tag{3.15}$$

式中：mean（）表示向量各元素的平均值，σ（）表示向量各元素的标准差。

在式（3.15）中，平均值最小化有利于保证误差向量中各项指标尽可能的小，标准差最小化有利于保证误差向量中各项指标的均衡变化，这样既减少了设计洪水峰、量、形的误差，又兼顾了不同类误差的协调性，可以实现设计洪水的均衡优化。此外，该目标函数将约束条件引入误差向量，从而避免了惩罚因子的选取，可有效降低计算过程的不确定性。

多目标均衡优化法的具体计算步骤如下，计算流程如图 3.4 所示。

1）选取典型洪水过程线。

2）根据特定频率下的洪水峰、量特征值 Q_{mp}、W_{1p}、W_{3p}、W_{7p} 及典型洪水的峰、量特征值 Q_{max}、W_{1d}、W_{3d}、W_{7d} 计算放大倍比 k_1、k_2、k_3、k_4。

3）以放大倍比 k 为优化变量，将放大倍比的范围初定为 $[\min(k_i), \max(k_i)]$，并在此基础上添加拓展系数 β_1 和 β_2 扩大种群个体的搜索范围，在 $[\beta_1 \min(k_i), \beta_2 \max(k_i)]$ 区间内随机生成初始解。在本书中，$\beta_1 = 0.9$，$\beta_2 = 1.1$。

4）根据典型洪水过程流量 Q_p 和随机生成的 k 的初始解，计算设计洪水流量 Q，并按式（3.13）和式（3.14）构建误差向量。

5）以式（3.15）作为优化目标，采用优化算法求解，在满足算法终止条件后得到各时段的放大倍比 k_{best}。

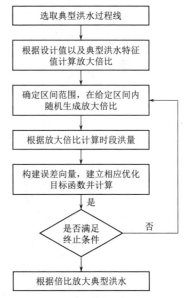

图 3.4　多目标均衡优化法计算流程图[83]

6）根据 k_{best} 放大典型洪水过程，推求设计洪水过程线。

3.2.4　设计洪水计算方法的评价

为了合理地评价设计洪水推求方法，本书利用层次分析法[90] 构建了考虑典型洪水过程线、洪水设计频率、洪水峰量形误差的综合评价模型。

在推求设计洪水时，通常选取典型年份的洪水过程，并根据相应设计标准放大典型洪水过程线。因此，可根据上述步骤，构建如图 3.5 所示的指标体系。评价指标为 3.2.3 节所提出的洪峰误差、洪量误差和形状误差，通过式（3.14）计算。

在评价过程中，下层要素相对上层要素的重要性以及各层要素间的重要性均相同，其具体计算步骤如下。

1）将各方法所得计算结果转换为具体评价指标。由于各评价指标均是以相对误差的形式表达，故无须进行归一化处理，指标值越小表示方案越优。

2）由图 3.5 准则层与指标层之间的关系可知，每种方法有 m 个典型年，每个典型年有 l 种设计标准，各设计标准下又有 q 项评价指标，故每种方法共计 $m \cdot l \cdot q$ 项评价指标。考虑到各层各指标间具有相同重要性，可直接采用式（3.16）计算各方法的综合评价指标 e。

$$e = \frac{1}{m \cdot l \cdot q} \sum_{i=1}^{m} \sum_{j=1}^{l} \sum_{k=1}^{q} f_{i,j,k} \tag{3.16}$$

式中：e 表示综合评价指标；i 为典型年的个数；j 为设计频率的个数；k 为评价指标的个数；f 为具体评价指标值。

3）根据综合评价指标 e，选取最优方案，e 值越小则表示方案越优。

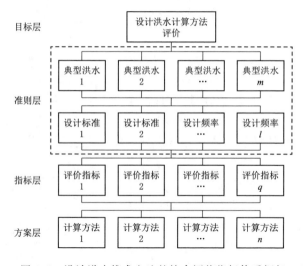

图 3.5　设计洪水推求方法的综合评价指标体系框架

3.3　本　章　小　结

本章主要介绍了汛期入流预报模型与设计洪水计算方法。采用逐步回归分析法筛选出对预报结果影响显著的预报因子，采用多种方法建立融合气象因子的短期洪水预报模型，为汛期入流预报模型建立提供了理论方法。基于均衡与优化思想，建立多目标均衡优化模型推求设计洪水，实现设计洪水的均衡优化。构建了设计洪水计算方法的评价模型，并与其他设计洪水计算方法对比，为后续建立、求解水库优化调度模型提供支撑。

第 4 章

梯级水库汛期优化调度与防洪预警

4.1 汛期优化调度方法

梯级水库优化调度方法是结合已有的水文资料及预报信息，考虑水库来水和蓄水状况，有计划地蓄泄洪水，确保水库自身坝体及下游防护对象的安全。调度方法分为常规调度和优化调度两类：前者将调洪演算的结果作为依据，形成相应的调度规则对未来洪水进行调度；后者在常规调度的基础上考虑各项指标建立目标函数，在满足约束条件的前提下寻求能够同时保证兴利与防洪效益的最优调度策略，其结果往往受目标函数的影响产生变动。

4.1.1 优化调度模型

本书构建以防洪为主、兼顾兴利的梯级水库短期优化调度模型，以水库洪水期的出库流量作为决策变量，将不同重现期的设计洪水作为输入变量，求解梯级水库的最优泄流过程。

（1）问题描述。

假设某流域存在一处两级串联水库（简称"水库 1"和"水库 2"），水库 2下游存在防护对象，同时各水库控制流域内又有区间流量汇入，如图 4.1 所示。通过对水库 1 和水库 2 的联合调度，确保水库坝体自身安全，并保证防护对象在来水低于其防洪标准时不受洪水的威胁，在来水超出其防洪标准时尽量减少洪水的破坏。

假设水库上游断面以上发生了一场重现期为 T 的洪水，且整个洪水过程已知。考虑到区间汇入的支流，需要控制水库 2 的出库流量在指定范围内，在考虑兴利效益的前提下，如何制定联合调度策略来保证水库及防护对象安全度洪？

（2）优化调度指标及重要特征参数确定。

为了更好地反映水库调度目标，需要先给定若干重要的衡量指标。

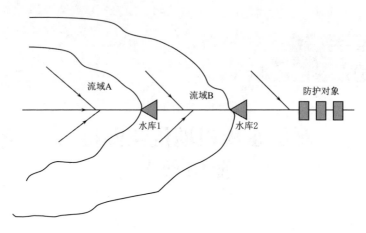

图 4.1　梯级水库示意图

1）水库防洪空间占用率（α）。

$$\alpha = \frac{W_{\max}}{V_{\max}} \times 100\% \tag{4.1}$$

式中：$W_{\max}$ 为调度过程中水库最高水位（$Z_{\max}$）与汛限水位（Z_{limit}）之间的蓄水量，亿 m^3；$V_{\max}$ 为调洪库容，即水库汛限水位（Z_{limit}）与校核洪水位（Z_{p}）之间的库容，亿 m^3；$0 \leqslant \alpha \leqslant 1$，若 $Z_{\max} < Z_{\mathrm{limit}}$，则 $\alpha = 0$。

2）防护对象危险率（β）。

$$\beta = \frac{QO_{\max}}{QO_{\mathrm{allow}}} \times 100\% \tag{4.2}$$

式中：$QO_{\max}$ 为调度过程中的最大出库流量，m^3/s；QO_{allow} 为调度过程中的最大允许出库流量，m^3/s；β 为 $QO_{\max}$ 与 QO_{allow} 的百分比，$\beta > 0$。

3）水库库容腾空率（γ）。

$$\gamma = \frac{W_{\min}}{V_{\min}} \times 100\% \tag{4.3}$$

式中：$W_{\min}$ 为调度过程中水库最低水位（$Z_{\min}$）与汛限水位（Z_{limit}）之间的蓄水量，亿 m^3；$V_{\min}$ 为水库死水位（Z_{d}）与汛限水位（Z_{limit}）之间的库容，亿 m^3；γ 为 $W_{\min}$ 与 $V_{\min}$ 的百分比，$0 \leqslant \gamma \leqslant 1$，若 $Z_{\min} > Z_{\mathrm{limit}}$，则 $\gamma = 0$。

4）水库库容偏离率（ξ）。

$$\xi = \frac{|V_c - W_{\mathrm{end}}|}{V_{\mathrm{fh}}} \tag{4.4}$$

式中：V_c 为洪水期末时的期望库容，亿 m^3；W_{end} 为洪水期末时的蓄水量，亿 m^3；防洪库容（V_{fh}）为水库汛期水位（Z_{limit}）与调度过程中水库最高水位（$Z_{\max}$）之间的库容，亿 m^3；ξ 为 $|V_c - W_{\mathrm{end}}|$ 与 V_{fh} 的百分比。

（3）目标函数与约束条件。

1）目标函数。

水库防洪空间占用率（α）反映了水库防洪库容的利用情况，α 越大则水库自身的防洪压力越大；防护对象危险率（β）反映了下游防护对象的安全情况，β 越大则下游受洪水威胁的可能性越大；水库库容腾空率（γ）反映了水库的预泄情况，γ 越大则水库承载大洪水的能力越强，但汛末不能蓄满水库的风险越大；水库库容偏离率（ξ）反映了洪水期末水库的水位情况，ξ 越大则后期兴利压力越大。综上所述，将 α 和 β 作为水库的防洪指标，α 和 β 越小，水库及下游防护对象越安全；将 γ 和 ξ 作为水库的兴利指标，γ 和 ξ 越小，水库的兴利效益越大。因此，拟定目标函数如下：

$$\beta = \frac{QO_{\max}}{QO_{\text{allow}}} \times 100\% \tag{4.5}$$

$$f_2 = \gamma = \frac{W_{\min}}{V_{\min}} \times 100\% \tag{4.6}$$

$$f_3 = \xi = \frac{|V_c - W_{\text{end}}|}{V_{\text{fh}}} \times 100\% \tag{4.7}$$

对于梯级水库而言，自上游至下游共有 n（$n \geqslant 2$）级水库，且防护对象位于最后一级水库下游，故将调度目标表示如下：

$$\begin{cases} \min f_1 = \max(a_i, \beta_n) \\ \min f_2 = \max(\gamma_i), i = (2,3,\cdots,n) \\ \min f_3 = \max(\xi_i) \end{cases} \tag{4.8}$$

式中：α_i、γ_i、ξ_i 分别为各级水库的防洪空间占用率、库容腾空率和库容偏移率；β_n 为最后一级水库下游的防护对象危险率。

目前多目标决策问题主要的求解方法有理想点法、加权组合法、模糊规划法[91] 以及各类多目标优化方法等，其中最为常用的方法为加权组合法。通过对各个目标函数进行加权，从而转化为单目标优化问题，具有易于实现，操作简便等优势。因此，本书采取加权组合法求解水库多目标决策问题。考虑到各调度目标间的权重系数不易确定，本书将各目标权重视为相等，即权重系数均为1，最终得到加权组合后的单目标函数如下：

$$\min f = f_1 + f_2 + f_3 \tag{4.9}$$

2）约束条件。

a. 蓄洪库容约束

$$-0.5V_{\text{fh}} \leqslant V(m,t) \leqslant V_{\text{fh}} \tag{4.10}$$

式中：$V(m,t)$ 为 m 水库 t 时段末的蓄洪库容，$-0.5V_{\text{fh}}$ 为水库水位允许低于汛限水位的最小值，亿 m^3。

　　b. 水量平衡约束

$$V(m,t)=V(m,t-1)+[QI(m,t)-QO(m,t)]\Delta t \qquad (4.11)$$

式中：V（m，t）和 V（m，$t-1$）分别为 m 水库 t 时段和 $t-1$ 时段末的蓄洪库容，亿 m^3；QI（m，t）和 QO（m，t）分别为 m 水库 t 时段末的入库流量和出库流量，m^3/s；Δt 为 1d。

　　c. 出库流量约束

　　水库出库流量需要满足范围约束和波动约束，前者是考虑到水库下游防洪、发电、灌溉等要求设置的；后者是考虑到水库闸门的操作性和下游边坡稳定性的要求设置的。

$$范围约束：QO_{\min}(m,t)\leqslant QO(m,t)\leqslant QO_{\max}(m,t) \qquad (4.12)$$

$$波动约束：|QO(m,t)-QO(m,t-1)|\leqslant \Delta QO_{\max}(m) \qquad (4.13)$$

式中：$QO_{\min}$（m，t）和 $QO_{\max}$（m，t）分别为 m 水库 t 时段的出库流量上下限；$\Delta QO_{\max}$（m）为 m 水库允许的最大波动约束，m^3/s。

　　d. 区间流量约束

$$QO(m-1,t-\Delta t_{m-1,m})+q_{m-1,m}(t)=QI(m,t) \qquad (4.14)$$

式中：$\Delta t_{m-1,m}$ 为流量从 $m-1$ 水库到 m 水库的传播时间，$q_{m-1,m}$（t）为 $m-1$ 水库与 m 水库间的区间流量，m^3/s。

　　e. 初始条件

$$Z(m,1)=Z_0(m,1) \qquad (4.15)$$

式中：Z_0 表示汛限水位，在进入防洪阶段后由汛限水位开始起调。

4.1.2　模型求解算法

　　优化方法是求解最优化问题的重要手段。传统的数学优化方法主要有随机规划、动态规划、线性规划、非线性规划等，虽然这些方法通过迭代计算能够求得优化模型的唯一解，但往往局限性较强，只能适用于小规模问题的求解[92]。20 世纪 50 年代以后，人们开始将仿生学原理与技术开发相结合，提出了众多用于求解大规模复杂问题的智能算法，如遗传算法、布谷鸟算法等。梯级水库联合调度是一类典型的非线性、多维度、多目标的复杂问题，采用传统优化方法求解比较困难，因此，本书采用智能算法求解优化模型。

　　（1）遗传算法。

　　遗传算法（GA）是以遗传学原理为基础结合计算机技术建立发展的随机优化算法。最初于 1975 年由美国教授 Holland 首次提出，遗传算法不同于传统优化方法存在求导或函数连续性要求，而是直接对目标结构进行操作，因此能够有效处理传统优化方法难以解决的复杂问题。遗传算法因其简便通用、全局搜索能力强、并行性优良等特点，被广泛应用于组合优化、信号处理、机器学习、生产调度等领域[93]。

1）染色体编码。在计算过程中，遗传算法通常是将问题的解以一定的映射方法转换成对应的染色体编码，编码方式的选择将影响到算法的运算效率。目前比较常见的编码方式有二进制编码、符号编码、浮点数编码等。

2）设定初始种群个体。在遗传算法中，每个染色体代表算法的每组解，由众多染色体构成了算法的初始种群。初始种群的规模设置至关重要，为了防止算法陷入局部最优解，就需要保证种群规模尽可能的大，但同时也会占用大量的计算资源，降低计算效率；同理，如果种群规模太小，则难以表现种群的多样性，算法很难搜索到全局最优解。

3）适应度值评价。适应度值的评价决定了种群的进化方向，由适应度函数计算所得的函数值即为适应度值，适应度值的高低能够反映种群个体的适应能力，是评价种群个体优劣的重要依据，故常将适应度函数称为评价函数。适应度函数会对种群中的每个个体，即每个"解"分别计算适应度值，并得到有利于获取最优解的相关信息，从而引导算法向有利于求得最优解的方向进化。

4）遗传操作。选择、交叉和变异是遗传算法的三个关键操作，操作过程中参数的设置对算法的效率和结果都有很大的影响。

a. 选择

选择操作体现了"优胜劣汰"的自然选择原理，基于个体适应度评估，按照适应度值的大小从当前种群中挑选出部分优秀个体遗传到下一代。适应度值越高的个体，其优良基因遗传给下一代的概率就越大，反之则越小。通过选择操作可将前代个体中的优良基因遗传给子代，利于种群个体朝着好的方向进化。

目前主要的选择操作方法有轮盘赌、随机竞争选择、最佳保留选择等。其中轮盘赌最为常用，该方法直接根据个体的适应度值大小进行选择，操作最为简便。其具体过程如下：

若种群规模为 M（种群中个体的数量），个体 i 的适应度值为 f_i，个体 i 被选择的概率为 P_i，则可按式（4.16）计算 P_i。

$$P_i = f_i / \sum_{k=1}^{M} f_k \qquad (4.16)$$

对每个个体分别计算选择概率 P_i，轮盘赌操作会每次随机生成一个 $0\sim1$ 之间的数，以这个随机数作为轮盘指针进行个体选择，重复执行操作直至达到种群规模。之后对筛选出的新种群执行交叉和变异操作。轮盘赌选择一方面保证了优秀个体其被选择的概率越大；另一方面又通过随机选择保证了劣质个体也存在一定的存活概率，以此保证了进化过程中种群个体的多样性要求。

b. 交叉

交叉操作体现了信息交换的思想，通过某种方式将种群内的个体随机配对，交换配对个体某部分的基因从而形成新的个体。交叉操作主要有两个步骤：

①按照一定的交叉概率随机选择两个亲代个体；②根据交叉方式变换个体的部分基因，使得新个体同时保留两个亲代个体的部分特征。交叉方式主要有单点交叉、多点交叉、均匀交叉等，其中单点交叉（图4.2）最为常用。

c. 变异

变异操作是生成新个体的另一种方式，以一定的概率选取将要变异的个体，选取个体基因串的某个位置，用等位基因进行替换。对于二进制编码的种群个体来说，即将原位置为0的基因替换为1，如图4.3所示。

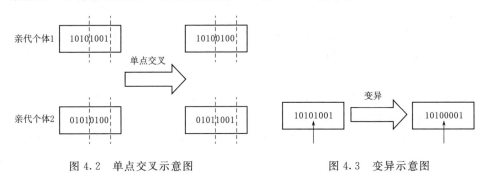

图4.2　单点交叉示意图　　　　　　图4.3　变异示意图

5）终止条件。

算法的终止条件主要有算法迭代到指定代数、种群适应度值没有明显变化、最优个体适应度值达到期望值等。当满足条件后，则终止运算输出最优解。标准遗传算法原理简单、易于实现，具有很强的应用价值，也为其他改进算法提供了基本的框架。其计算流程如图4.4所示。

（2）阶梯式调度策略。

水库防洪调度过程实质上是对水库出流的决策过程。大型水库通常设有闸门，在遭遇洪水时，通过调整闸门开度来控制水库的出流和水位，调度过程相比无闸门的水库要更加复杂[94]。在实际调度中为了操作简便，通常要求有闸门的水库应尽可能减少闸门的启闭次数，因此，水库泄流过程应尽量平稳，减少波动。为了实现这一目标，本书采用阶梯式调度方法改进梯级水库防洪优化调度模型。

根据入流过程 QI 可将调度期 T 划分为 n 个稳定的出库阶段，每个出库阶段的时长 d 是固定的，阶段内的流量 QO 是稳定的，不同阶段间的流量呈现阶梯式的变化，如图4.5所示，从第 i 阶段到第 $i+1$ 阶段，出库流量增加 Δq。已知洪水过程必然存在着一个或多个完整的涨退过程，因此，在入库流量增加时，水库泄量不应减少；在入库流量减少时，水库泄量不应增加。通过划分出库阶段确定水库泄流，可以有效减少闸门的启闭次数，满足闸门操作简便性的需要，使得阶梯式调度具有可行性。

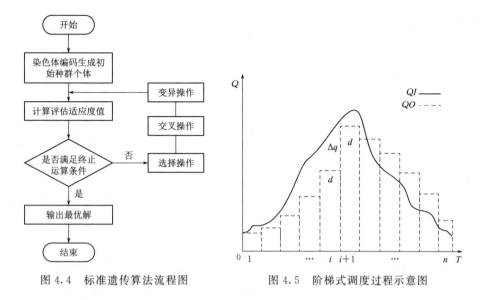

图 4.4　标准遗传算法流程图　　　图 4.5　阶梯式调度过程示意图

1）主要参数及其确定。

阶梯式调度主要有 5 个关键参数：调度期长度 T；水库初始出库流量 QO；出库阶段的时长 d；出库阶段的数量 n；前后出库阶段的泄量差值 Δq。各参数间存在以下关系：

$$T = \sum_{i=1}^{n} d_i \qquad (4.17)$$

$$QO_1 = QI_1 \qquad (4.18)$$

$$QO_i = QO_1 + \sum_{j=1}^{i-1} \Delta q_j, (2 \leqslant i \leqslant n) \qquad (4.19)$$

式中：QO_i 为阶梯式调度第 i 阶段的出库流量；QI_1 为水库进入防洪阶段后的起始流量，以此作为阶梯式调度的起调流量 QO_1。

出库阶段的时长不宜过短或过长，若时长过短，则水库闸门启闭频繁；若时长过长，则水库对洪水反应迟钝，影响出库流量跳级时机，给水库带来较大的防洪压力。因此，本书经综合考虑拟定出库阶段时长为 3d。

泄量差值反映了水库不同出库阶段的泄量变化情况，是水库对来水情况和蓄水状态做出的综合响应。考虑到水库泄流能力以及下游边坡稳定性，泄量差值不得大于防洪优化调度模型的最大波动约束 $\Delta QO_{\max}$。在确定了起调流量 QO_1 和各阶段的泄量差值 Δq_j 后，即可根据式（4.19）求得各阶段的出库流量。

2）具体计算步骤。

阶梯式调度方法的具体计算步骤如下，计算流程如图 4.6 所示。

a. 已知拟定出库阶段时长为 3d，根据来水过程资料可得到各阶段的泄量差

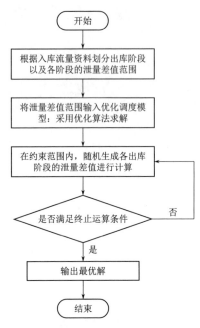

图 4.6　阶梯式调度方法流程图

值上下限。例如从 i 阶段到 $i+1$ 阶段，计算两个阶段的平均入流情况，若 i 阶段的平均入流小于 $i+1$ 阶段的平均入流，则表示洪水处于涨水阶段，对应阶段的出库流量也应增加，故 i 阶段到 $i+1$ 阶段的泄量差值范围为 $[0, \Delta QO_{max}]$；反之，则表示洪水处于退水阶段，对应阶段的出库流量也应减少，故 i 阶段到 $i+1$ 阶段的泄量差值范围为 $[-\Delta QO_{max}, 0]$。

b. 将各出库阶段的泄量差值范围代入优化调度模型，以泄量差值作为决策变量，其他约束条件以及目标函数不变。

c. 随机生成各阶段的泄量差值，计算适应度值。在满足算法终止条件之后输出各出库阶段的泄量差值。

d. 根据各阶段的泄量差值，可得到水库的均匀泄流过程。

4.2　防洪预警方法

梯级水库防洪调度通常具有实时性、不确定性、经验性等特点[95]。在水库实际运行中，来水过程存在随机性，且调度人员对洪水风险程度的评估经验性较强，导致调度决策存在很大差异，难以协调汛期水库的洪水风险与兴利效益。

近年来国内外关于水文预报、水库调度和防洪预警均有大量的研究成果，但同时也发现在防洪预警方面的研究更多地关注于风险率的计算，而很少给出可供水库管理人员参考的具体调度策略，难以在实际调度中应用。因此，如何将防洪调度与防洪预警方法结合，评估洪水风险等级，确定不同等级的泄流策略，并同时发布预警信息值得进一步的研究。

综上所述，本书以两级串联水库为例，结合 4.1.1 节的优化调度模型，应用防洪预警方法指导梯级水库调度，确定能够反映水库及下游防护对象危险情况的预警指标，进而计算防洪预警指数，划分预警等级，并依据预警等级采取对应的泄流策略。

4.2.1　防洪预警指标

影响水库防洪安全的主要因素有降雨量、流量、防洪库容占用率以及防护对象危险率等。一般来说，流量相比降雨量对水库的影响更为直接，因此，将流量作为衡量梯级水库综合防洪状态的重要变量。

（1）构建防洪预警指标。

水库的防洪状态可以简单地用水库的来水情况、泄流情况以及库容利用情况来描述。一般来说，来水量越大则水库的防洪压力越大；泄流量越少则水库自身的防洪状态越危险；库容利用率越大则水库自身的防洪形势越严峻，下游的防洪压力越小。

1）库容分配指标。

构建水库库容分配指标 $Fai1$，反映了水库上一时段库容的利用情况。当该值过大时，说明该水库在联合调度过程中蓄洪过多，忽略了其他水库的调节能力；反之，则表明没有充分利用自身调洪库容。

2）洪水水情指标。

构建洪水水情指标 $Fai2$、$Fai3$。$Fai2$ 为水库水情指标，反映了水库未来时段可能面临的防洪情势。当该值过大时，说明水库在当前来水情况下防洪压力较大，需要尽快采取泄流措施降低防洪风险；$Fai3$ 为防护对象水情指标，反映了防护对象在未来时段面临的防洪情势，当该值过大时，说明下游防护对象在当前来水情况下防洪压力较大，需要上游水库尽快采取措施减少泄流保证下游防洪安全。由式（4.20）可计算水库的各项预警指标。

$$
\begin{cases}
Fai1(m,t) = \dfrac{V(m,t-1)}{V_{\max}(m)} \\[3mm]
Fai2(m,t) = \dfrac{QI(m,t)}{QI_{\mathrm{PMF}}(m)} \\[3mm]
Fai3(m,t) = \dfrac{QO(m,t)}{QO_{\mathrm{safe}}(m)}
\end{cases}
\tag{4.20}
$$

式中：$V(m,t-1)$ 为 m 水库 $t-1$ 时段末由死水位到当前水位的库容，$V_{\max}$ 为 m 水库由死水位到校核洪水位的库容，亿 m^3；$QI(m,t)$ 为 m 水库 t 时段末的入库流量，QI_{PMF} 为 m 水库设计标准为最大可能洪水时对应的洪峰流量，m^3/s；$QO(m,t)$ 为 m 水库 t 时段末的入库流量，QO_{safe} 为 m 水库保证下游防护对象安全的最大允许泄量，m^3/s。

（2）构建梯级水库防洪状态矩阵。

构建梯级水库防洪状态矩阵需要考虑上下游水库间的水力联系，以两级串联水库为例，下游水库的入库流量即上游水库的出库流量与区间入流之和。基于风险矩阵评估原理[96] 按式（4.21）将各级水库的预警指标汇总构建防洪状态矩阵。

$$
\begin{bmatrix}
\dfrac{V(1,t-1)}{V_{\max}(1)} & \dfrac{V(2,t-1)}{V_{\max}(2)} \\[3mm]
\dfrac{QI(1,t)}{QI_{\mathrm{PMF}}(1)} & \dfrac{QO1(1,t)+Q_{qj}(t)}{QI_{\mathrm{PMF}}(2)} \\[3mm]
\dfrac{QO1(1,t)}{QO_{\mathrm{safe}}(1)} & \dfrac{QO2(1,t)}{QO_{\mathrm{safe}}(2)}
\end{bmatrix}
\tag{4.21}
$$

式中：$m=1$、2，其中 1 代表一级水库，2 代表二级水库；Q_{qj}（t）为 t 时段末区间的汇入流量，$\mathrm{m^3/s}$；其他变量含义同前文。

（3）防洪预警指标值的计算。

采用 3.2.4 节构建的综合评价模型，分别计算各级水库的防洪预警指标值。在防洪调度中，洪水实时水情和库容利用情况对水库及防洪对象的安全均有较大影响，因此认为各要素间同等重要，故不设置权重。以 t 时段的防洪状态矩阵为例进行计算，根据各项水库预警指标可以得到一个 3×2 列的矩阵，第一列表示一级水库的各项预警指标，第二列表示二级水库的各项预警指标。各水库在 t 时段总计 3 项评价指标，故可直接采用式（4.22）计算各库的防洪预警指标值。

$$
f(m,t)=\frac{Fai1(m,t)+Fai2(m,t)+Fai3(m,t)}{3}
\tag{4.22}
$$

式中：f（m，t）为 m 水库 t 时段的防洪预警指标值，反映水库当前时段的综合防洪压力。

4.2.2　防洪预警等级及泄流策略

防洪预警等级的确定需要依据水库不同频率的设计洪水过程。采用 4.1.1 节建立的梯级水库优化调度模型对各频率设计洪水过程进行优化调度，根据调度结果计算各水库的防洪预警指标值，最后将指标值划分为四个区间，用于区分防洪预警等级。本书采用预警信号的形式将预警等级划分为 5 级，分别以数字 1～5 来依次表示"无危险""轻度危险""中度危险""重度危险"和"极度危险"。其具体计算步骤如下：

1）基于典型洪水过程线分别推求 $P=10\%$、$P=1\%$、$P=0.1\%$、$P=0.01\%$ 频率的设计洪水过程。

2）采用梯级水库防洪优化调度模型依次对四场设计洪水进行优化调度，依据调度结果可求得水库各时段的防洪预警指标值。

3）对各场洪水所得的防洪预警指标值进行降序排频，取指定频率下的预警指标值作为分级的临界值，依次划分 5 个预警等级。

以两级串联水库为例，假设四场设计洪水的优化调度结果已知，则每场调度结果均可得到一组各级水库的防洪预警指标值，之后对各库指标值分别进行降序排频。假设四场洪水所得的一级水库对应预警指标临界值为 $a1$、$b1$、$c1$、$d1$，二级水库对应预警指标临界值为 $a2$、$b2$、$c2$、$d2$，则划分防洪预警等级见表 4.1。

表 4.1　　　　　　　　　　　防洪预警等级示意表

防洪预警等级	一级水库预警值范围	二级水库预警值范围	预警信号	防洪状态
Ⅰ	$(0, a1]$	$(0, a2]$	1	无危险
Ⅱ	$(a1, b1]$	$(a2, b2]$	2	轻度危险
Ⅲ	$(b1, c1]$	$(b2, c2]$	3	中度危险
Ⅳ	$(c1, d1]$	$(c2, d2]$	4	重度危险
Ⅴ	$(d1, +\infty)$	$(d2, +\infty)$	5	极度危险

在防洪预警调度过程中，除了根据预警等级发布预警信息外，还需要根据预警信息采取相应的泄流策略（如维持泄量、加大泄量等）。初步拟定预警等级及对应泄流策略见表 4.2。

表 4.2　　　　　　　　　　　预警等级及对应泄流策略

防洪预警等级	预警信号	防洪状态	应对策略
Ⅰ	1	无危险	维持原泄量
Ⅱ	2	轻度危险	按 $\Delta Q_{10\%}$ 加大泄量
Ⅲ	3	中度危险	按 $\Delta Q_{1\%}$ 加大泄量
Ⅳ	4	重度危险	按 $\Delta Q_{0.1\%}$ 加大泄量
Ⅴ	5	极度危险	按最大允许泄量下泄

注　$\Delta Q_{10\%}$、$\Delta Q_{1\%}$、$\Delta Q_{0.1\%}$ 分别为对应频率优化调度结果中各库的最大跳级流量。

在表 4.2 所述泄流策略的基础上，进一步明确具体的操作措施如下：

1）进入防洪阶段后，先按上一时段的 QO 计算各水库的防洪预警指标值 $f(m, t)$，并确定相应的预警等级 $FAG(m, t)$。

2）从上游至下游依次进行水库调节，若 $FAG(m, t)$ 不变，则水库维持上一时段的泄量；若 $FAG(m, t)$ 高于上一时段，则水库跳级泄洪。

3）在调整完各水库的泄量之后，重新确定 $FAG(m, t)$，调整梯级水库间的泄量，保证各水库间的 $FAG(m, t)$ 不能相差过大，直至整个梯级水库处于安全状态为止。

4）输出各水库的泄流过程 QO，以供调度人员参考决策。

4.3　本　章　小　结

本章基于防洪与兴利指标构建了以防洪为主兼顾兴利效益的多目标优化调

度模型，采用加权组合法建立目标函数，对模型求解方法进行了简单介绍，并结合阶梯式调度策略改进适应度函数，确保水库均匀泄流。提出水库防洪预警方法指导实际水库泄洪，建立防洪状态矩阵，并采用评价方法得到了能够反映各水库综合防洪压力的防洪预警指标值，结合设计洪水优化调度结果划分预警等级，给出了相应的泄流策略及具体操作措施。

第 5 章

黄河上游梯级水库汛期调度
规则的建立

5.1 考虑洪水预报预警的汛期调度规则

5.1.1 龙–刘梯级水库入流预报

由于水库来水的不确定性，通过洪水预报模型准确预测洪水过程是实现水库汛期调度的基础。采用 3.1 节介绍的方法构建洪水预报模型。本书基于 MATLAB 平台内置的 Stepwise 函数实现逐步回归分析法用于筛选与预报对象相关性良好的预报因子，将 $t-1$、$t-2$、$t-3$ 时段的预报因子（降水量、风速、气温、湿度、日照时数、径流量）代入运算（图 5.1）。最终筛选出影响龙羊峡和龙–刘区间当日来水的关键影响因子，其中龙羊峡的关键影响因子为 $t-3$ 时段的日照时数，$t-1$、$t-2$、$t-3$ 时段的湿度，$t-1$、$t-3$ 时段的气温，$t-1$、$t-2$ 时段

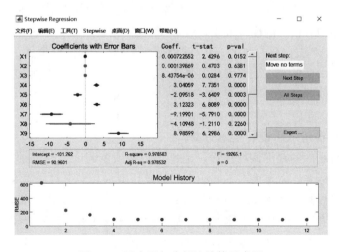

图 5.1 逐步回归分析法计算示意图

的降水，$t-1$、$t-2$、$t-3$ 时段的径流量；龙-刘区间的关键影响因子为 $t-1$、$t-3$ 时段的日照时数，$t-1$ 时段的湿度，$t-1$、$t-2$ 时段的降水，$t-1$、$t-2$ 时段的径流量。最后将筛选后的预报因子用于建立洪水预报模型。

由于部分年份数据缺失，本书选取了资料比较完整的 1960—1990 年气象水文数据构建洪水预报模型，其中率定期为 1960—1984 年，验证期为 1985—1990 年。分别采用三种模型对整个径流过程进行预报，通过四种精度评价指标（NSE、$RMSE$、MAE、$MAPE$）分析三种预报模型的优劣，以龙羊峡入库洪水预报模型为例，其精度评价指标见表 5.1 与表 5.2。

表 5.1　　　　　　　　　　率定期预报模型各项精度评价指标

精度评价指标	MLR	SVM	BP 神经网络
NSE	0.97	0.97	0.99
$RMSE$	101.29	103.42	65.87
$MAPE$	7.22	8.41	3.58
$MAE/\%$	77.57	83.52	42.12

表 5.2　　　　　　　　　　验证期预报模型各项精度评价指标

精度评价指标	MLR	SVM	BP 神经网络
NSE	0.97	0.97	0.98
$RMSE$	103.20	105.13	78.27
$MAPE$	7.62	9.11	3.99
$MAE/\%$	75.58	83.44	44.92

由表 5.1 与表 5.2 可知，三种模型率定期与验证期的 NSE 均在 0.65 以上，表明上述模型均有较好的模拟效果，且 BP 神经网络模型略优于 SVM 与 MLR；综合 $RMSE$、$MAPE$、MAE 来看，SVM 模型与 MLR 误差比较接近，而 BP 神经网络在三种模型中误差最小，模型相对最优。因此，本书采用 BP 神经网络模型用于预报黄河上游地区洪水，其中 1981 年汛期龙羊峡及龙-刘区间部分洪水预报结果如图 5.2 所示。

5.1.2　龙-刘梯级水库设计洪水计算

求解梯级水库的最优调度过程，是建立防洪预警调度策略的前提。为了满足各水库的防洪标准，需要推求不同频率下的设计洪水。本书对同频率直接放大法、罚函数法和多目标均衡优化法进行综合评价，选取最优方法用于推求黄河上游设计洪水。以刘家峡水库典型洪水为例，基于两场典型洪水（1964 年和 1967 年）和三种典型洪水放大方法（同频率直接放大法、罚函数法和多目标均衡优化法）的洪水推求误差见表 5.3 和表 5.4，相应的设计洪水过程线如图 5.3 和图 5.4 所示。

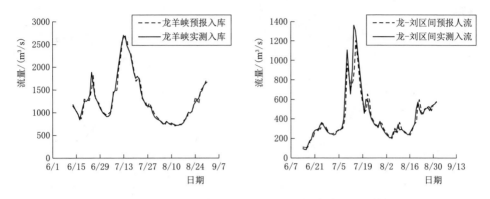

图 5.2 1981 年汛期龙羊峡及龙-刘区间部分洪水预报结果

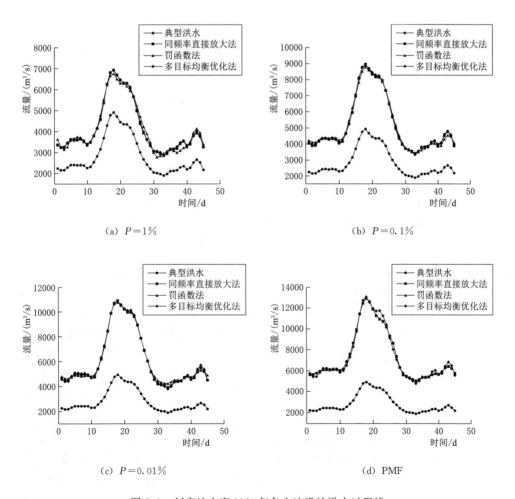

图 5.3 刘家峡水库 1964 年各方法设计洪水过程线

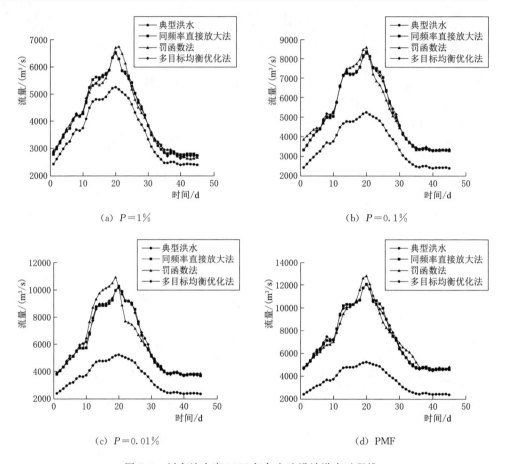

图 5.4　刘家峡水库 1967 年各方法设计洪水过程线

由表 5.3 和图 5.3 可知，在推求 1964 年设计洪水时，3 种方法均有较优的表现，计算结果基本接近各频率下的设计值（洪水峰、量误差均小于 1%）。但是，罚函数法所得设计洪水过程线与另外两种方法的结果差异较大，集中体现在形状误差上。在 $P=0.1\%$、0.01%、PMF 等设计标准下，罚函数法所得的洪水过程线的形状误差均大于另外两种方法所得的形状误差。由表 5.4 和图 5.4 可知，在推求 1967 年设计洪水时，3 种方法所得的洪水设计误差也基本相近。但是，基于罚函数法推求的设计洪水变形较为严重，尤其是在设计频率 $P=0.01\%$ 下的形状误差最大，洪水过程线已发生明显变形。

采用 3.2.4 节构建的综合评价模型，对同频率直接放大法、罚函数法和多目标均衡优化法进行评价，评价结果见表 5.5。由表 5.5 可知，设计洪水推求方法的优劣排序依次为：多目标均衡优化法＞罚函数法＞同频率直接放大法。结合表 5.3 和表 5.4 可知，多目标均衡优化方法推求的设计洪水在峰、量、形方面均有较优的表现，而另两种方法往往只侧重于洪水设计误差的一两个方面，在综合评价中并不理想。因此，相比同频率直接放大法和罚函数法，多目标均衡优化法能够更好地满足设计洪水推求对洪水峰、量、形的要求。

表 5.3　　　　　　　刘家峡水库 1964 年各频率设计洪水推求误差

设计洪水频率	计算方法	洪峰误差/%	时段洪量误差/%		形状误差/%
			15d	45d	
$P=1\%$	同频率直接放大法	0.000	0.437	0.347	0.170
	罚函数法	0.000	0.068	0.217	0.155
	多目标均衡优化法	0.029	0.000	0.019	0.166
$P=0.1\%$	同频率直接放大法	0.000	0.444	0.520	0.001
	罚函数法	0.045	0.042	0.015	0.006
	多目标均衡优化法	0.000	0.011	0.005	0.002
$P=0.01\%$	同频率直接放大法	0.000	0.450	0.656	0.003
	罚函数法	0.019	0.416	0.487	0.007
	多目标均衡优化法	0.037	0.078	0.055	0.003
PMF	同频率直接放大法	0.178	0.398	0.001	
	罚函数法	0.000	0.022	0.056	0.009
	多目标均衡优化法	0.000	0.010	0.007	0.001

表 5.4　　　　　　　刘家峡水库 1967 年各频率设计洪水推求误差

设计洪水频率	计算方法	洪峰误差/%	时段洪量误差/%		形状误差/%
			15d	45d	
$P=1\%$	同频率直接放大法	0.000	0.856	0.105	0.004
	罚函数法	0.000	0.761	0.387	0.015
	多目标均衡优化法	0.000	0.163	0.093	0.007
$P=0.1\%$	同频率直接放大法	0.000	0.841	0.095	0.007
	罚函数法	0.000	0.042	0.070	0.022
	多目标均衡优化法	0.023	0.032	0.005	0.006
$P=0.01\%$	同频率直接放大法	0.000	0.845	0.240	0.012
	罚函数法	0.037	0.767	0.374	0.052
	多目标均衡优化法	0.465	0.457	0.592	0.008
PMF	同频率直接放大法	0.000	1.119	0.032	0.010
	罚函数法	0.000	0.193	0.039	0.030
	多目标均衡优化法	0.000	0.000	0.007	0.009

表 5.5　　　　　　　　　　设计洪水推求方法的综合评价结果

计算方法	综合评价指标	排序结果	计算方法	综合评价指标	排序结果
同频率直接放大法	0.243	3	多目标均衡优化法	0.071	1
罚函数法	0.136	2			

采用多目标均衡优化法分别推求 1964 年和 1967 年龙、刘两库（$P=10\%$）、（$P=1\%$）、（$P=0.1\%$）、（$P=0.01\%$）频率下的设计洪水过程线，用于后续梯级水库联合优化调度计算。各频率设计洪水过程线见图 5.5 与图 5.6。

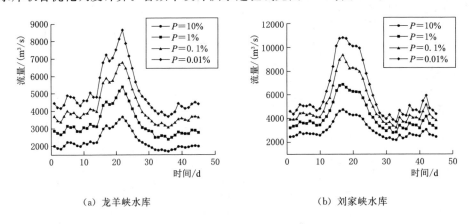

（a）龙羊峡水库　　　　　　　　　　（b）刘家峡水库

图 5.5　1964 年龙羊峡、刘家峡水库各频率设计洪水

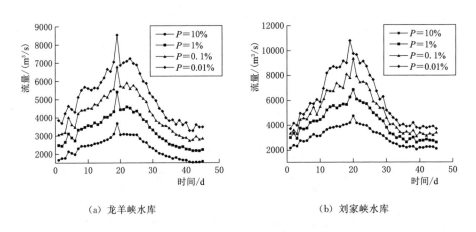

（a）龙羊峡水库　　　　　　　　　　（b）刘家峡水库

图 5.6　1967 年龙羊峡、刘家峡水库各频率设计洪水

5.1.3　龙-刘梯级水库优化调度

黄河上游梯级水库汛期的防洪任务主要由龙羊峡与刘家峡水库承担，通过龙、刘两库的联合调度，可以保证龙羊峡到兰州市的防洪安全。结合 4.1.1 节建立的优

化调度模型，对黄河上游流域基于典型洪水推求的设计洪水过程进行优化调度计算。

调度过程中部分注意事项说明如下：

1）黄河上游流域的汛期时间为 6 月 1 日至 10 月 31 日。

2）调度过程中最小计算时段为 1d，且龙羊峡至刘家峡的洪水传播时间为 1d[5]。

3）为确保下游边坡稳定性，龙羊峡水库的波动约束应不超过 $1000\mathrm{m}^3/\mathrm{s}$，刘家峡水库的波动约束应不超过 $1500\mathrm{m}^3/\mathrm{s}$。

4）重点对频率为 10%、1%、0.1%、0.01% 的设计洪水进行优化调度。

因篇幅所限，本书以 1964 年 1000 年一遇设计洪水为例详细介绍其优化调度过程并对调度结果进行分析。

1）基于 MATLAB 平台的 GA 工具箱实现遗传算法，其中参数设置如下：种群规模 $N_{pop}=50$，最大迭代次数 $T_{\max}=1000$，选择操作采用随机选择方式，交叉操作采用均匀交叉方式，交叉概率 $P_c=0.8$，变异操作采用均匀变异方式，变异概率 $P_m=0.05$。

2）适应度函数采用 4.1.1 节构建的目标函数，将龙羊峡逐日入库流量 QI_1、龙-刘区间流量 $q_{区间}$ 作为输入变量，求解两库最优的出库阶段泄量差值。

3）将最优泄量差值代入适应度函数，输出龙、刘两库最优均匀泄流过程，见表 5.6。

表 5.6　　**1964 年龙-刘梯级水库 1000 年一遇洪水联合优化调度结果**

时序	$QI_1/(\mathrm{m}^3/\mathrm{s})$	$q_{区间}/(\mathrm{m}^3/\mathrm{s})$	$QO_1/(\mathrm{m}^3/\mathrm{s})$	$QI_2/(\mathrm{m}^3/\mathrm{s})$	$QO_2/(\mathrm{m}^3/\mathrm{s})$	$W_1/亿\,\mathrm{m}^3$	$W_2/亿\,\mathrm{m}^3$
1	3705	244	3705	3949	3949	0.00	0.00
2	3449	492	3705	4197	3949	−0.22	0.21
3	3377	600	3705	4305	3949	−0.51	0.52
4	3725	730	3205	3935	3568	−0.06	0.84
5	4008	473	3205	3678	3568	0.64	0.93
6	3854	468	3205	3673	3568	1.20	1.02
7	3925	508	3205	3713	3577	1.82	1.14
8	3693	587	3205	3792	3577	2.24	1.33
9	3641	468	3205	3673	3577	2.62	1.41
10	3854	267	3205	3472	4510	3.18	0.51
11	3848	734	3205	3939	4510	3.74	0.02
12	4138	1170	3205	4375	4510	4.54	−0.10

续表

时序	$QI_1/(\text{m}^3/\text{s})$	$q_{区间}/(\text{m}^3/\text{s})$	$QO_1/(\text{m}^3/\text{s})$	$QI_2/(\text{m}^3/\text{s})$	$QO_2/(\text{m}^3/\text{s})$	$W_1/亿\ \text{m}^3$	$W_2/亿\ \text{m}^3$
13	4076	1664	3205	4869	4510	5.29	0.21
14	3983	2822	3205	6027	4510	5.97	1.53
15	4813	3232	3205	6437	4510	7.36	3.19
16	5639	3312	3205	6517	4510	9.46	4.93
17	5908	3461	3205	6666	4510	11.79	6.79
18	5673	3108	3205	6313	4510	13.93	8.35
19	5764	2457	3212	5669	4510	16.13	9.35
20	6187	2112	3212	5323	4510	18.70	10.05
21	6683	1506	3212	4718	4510	21.70	10.23
22	6807	1165	4000	5165	4510	24.13	10.79
23	6479	871	4000	4871	4510	26.27	11.11
24	5930	458	4000	4458	4510	27.94	11.06
25	5263	268	4000	4268	4510	29.03	10.85
26	4776	228	4000	4228	4510	29.70	10.61
27	4338	18	4000	4018	4510	29.99	10.18
28	3953	188	4000	4188	4510	29.95	9.91
29	3763	−43	4000	3957	4510	29.75	9.43
30	3610	−58	4000	3942	4510	29.41	8.94
31	3432	271	4000	4271	4510	28.92	8.73
32	3232	173	4000	4173	4510	28.25	8.44
33	3178	66	4000	4066	4510	27.54	8.06
34	3330	768	4000	4768	4510	26.96	8.28
35	3212	510	4000	4510	4510	26.28	8.28
36	3061	657	4000	4657	4510	25.47	8.41
37	3166	1090	3894	4985	4510	24.84	8.82
38	3310	754	3894	4648	4510	24.34	8.94
39	3541	569	3894	4463	4510	24.03	8.90
40	3578	350	3494	3844	4510	24.11	8.32
41	3501	1105	3494	4599	4510	24.11	8.40
42	3450	1715	3494	5208	4510	24.08	9.00

续表

时序	$QI_1/(\mathrm{m}^3/\mathrm{s})$	$q_{区间}/(\mathrm{m}^3/\mathrm{s})$	$QO_1/(\mathrm{m}^3/\mathrm{s})$	$QI_2/(\mathrm{m}^3/\mathrm{s})$	$QO_2/(\mathrm{m}^3/\mathrm{s})$	$W_1/亿\,\mathrm{m}^3$	$W_2/亿\,\mathrm{m}^3$
43	3653	688	3494	4182	4510	24.21	8.72
44	3678	379	3494	3872	4510	24.37	8.17
45	3625	248	3494	3741	4510	24.48	7.50
平均值	4218	952	3588	4541	4348		
标准差	1068	967	355	825	338		
变差系数	0.25	1.01	0.10	0.18	0.08		

在表 5.6 中，考虑到龙、刘两库的洪水传播时间为 1d，因此 $q_{区间}$ 相比 QI_1 推迟 1 天；QO_1 和 QO_2 为龙、刘两库的泄流过程；QI_2 为刘家峡的入库流量，即 QO_1（龙羊峡泄流过程）与 $q_{区间}$（龙-刘区间流量）之和；W_1 和 W_2 为龙羊峡水库和刘家峡水库的累积蓄洪量。

由表 5.6 可知，1964 年 1000 年一遇设计洪水历时 45d，龙羊峡入库洪量为 164 亿 m^3，洪峰流量为 $6807\mathrm{m}^3/\mathrm{s}$；刘家峡入库洪量为 177 亿 m^3，洪峰流量为 $6666\mathrm{m}^3/\mathrm{s}$。经龙、刘两库优化调度后，龙羊峡累计蓄洪量为 24.48 亿 m^3，最大泄洪量为 $4000\mathrm{m}^3/\mathrm{s}$，削峰率为 41.2%；刘家峡累计蓄洪量为 7.50 亿 m^3，最大泄洪量为 $4510\mathrm{m}^3/\mathrm{s}$，削峰率为 32.3%。龙羊峡和龙-刘区间的入流过程变差系数分别为 0.25 和 1.01，由此可知龙-刘区间入流波动最为剧烈，龙羊峡入流波动次之。经龙、刘两库联合调度后，龙羊峡和刘家峡泄流过程的变差系数分别为 0.10 和 0.08，由图 5.7 可知，龙、刘两库的泄洪过程平稳，呈现明显的阶梯式变化。综上所述，龙、刘梯级水库的联合调度能够有效发挥水库削峰、滞洪、平稳泄流的作用，有效缓解了黄河上游流域的防洪压力。

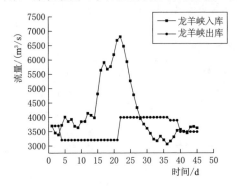 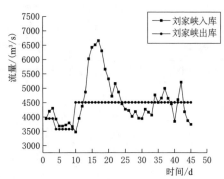

图 5.7 1964 年 1000 年一遇洪水优化调度过程

5.1.4 龙-刘梯级水库防洪预警

防洪预警指标值 f 能够反映水库各时段的综合防洪压力。因此，将基于不同频率设计洪水调度所得的防洪预警指标临界值 $f_{\max}$ 作为反映水库最危险状态的依据，由此将防洪预警等级 FAG 划分为 5 级。

（1）龙-刘梯级水库防洪预警等级划分。

基于 1964 年和 1967 年设计洪水防洪优化调度结果可得到不同频率设计洪水的 f，将相同频率设计洪水计算所得 f 值汇总降序排列，确定各频率设计洪水的 $f_{\max}$，$f_{\max}$ 是指导水库跳级泄洪的重要依据，其值越小，水库对洪水的响应越灵敏，其值越大，水库对洪水的承载能力越强，考虑到水库及下游防护对象的安全，取 10% 频率对应的 f 作为 $f_{\max}$，这样既充分利用了优化调度结果中的信息，又能以较为安全的方式指导水库泄洪。基于设计洪水优化调度结果所得的 f，即龙、刘两库防洪预警指标值排频结果如图 5.8 所示，对应的防洪预警等级区间划分见表 5.7。

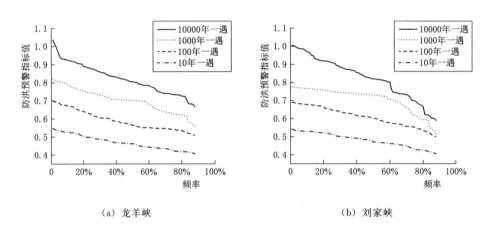

（a）龙羊峡　　　　　　　　　　　　（b）刘家峡

图 5.8　龙、刘两库防洪预警指标值排频结果

表 5.7　　　　　　　　　　龙、刘两库防洪预警等级区间

防洪预警等级	龙羊峡预警值范围	刘家峡预警值范围	预警信号	防洪状态
Ⅰ	$(0，0.53]$	$(0，0.53]$	1	无危险
Ⅱ	$(0.53，0.69]$	$(0.53，0.70]$	2	轻度危险
Ⅲ	$(0.69，0.78]$	$(0.70，0.76]$	3	中度危险
Ⅳ	$(0.78，0.92]$	$(0.76，0.92]$	4	重度危险
Ⅴ	$(0.92，+\infty)$	$(0.92，+\infty)$	5	极度危险

（2）龙、刘梯级水库防洪预警调度策略。

结合龙、刘梯级水库防洪预警指数构建防洪预警调度策略，其流程见图 5.9。在进入防洪阶段后，龙、刘两库均由汛限水位起调，具体操作步骤如下。

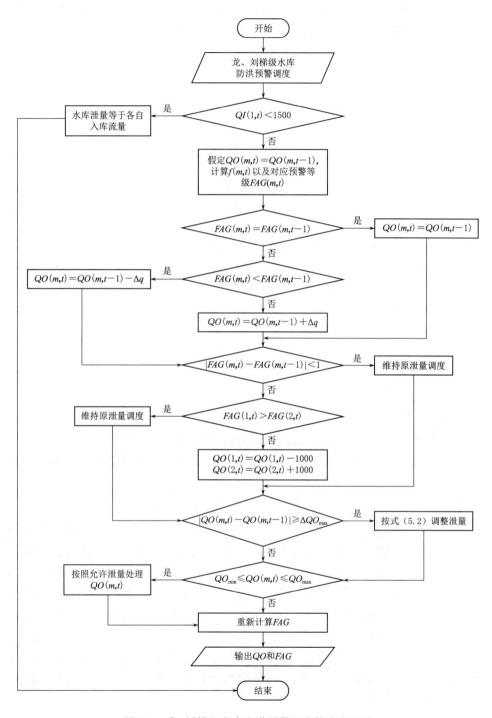

图 5.9　龙-刘梯级水库防洪预警调度策略流程图

1）以设计洪水优化调度过程中的最小起调流量作为防洪预警调度策略的启用条件，若 QI（1, t）$\geqslant 1500\mathrm{m}^3/\mathrm{s}$，启动防洪预警调度，若 QI（1, t）$<1500\mathrm{m}^3/\mathrm{s}$，则水库泄量等于各自入库流量。此外，为了尽可能减少后续时段的防洪压力，由前两日的水库来水根据洪水涨落趋势按以下规则确定起调流量 $Q_{起调}$。

$$r = Q(1,2)/Q(1,1)$$
$$Q\_temp = Q(1,2) \times r$$
$$if\ Q\_temp - Q(1,2) > 500 \tag{5.1}$$
$$Q(1,3) = \max[Q(1,1),Q(1,2)]$$

式中：r 反映了前两日的洪水涨幅情况，Q_temp 为预估的第三日洪量。

若洪量差值超过 $500\mathrm{m}^3/\mathrm{s}$，则认为未来时段洪水涨幅会较大，为减少后续时段的防洪压力，选择前两日已知洪量的较大值作为 $Q_{起调}$。

2）判断水库 t 时段的下泄量，依据预警等级指导水库泄洪。假定水库 t 时段的下泄量为 QO（m, $t-1$），则可根据式（4.21）和式（4.22）计算 f（m, t）并确定相应的预警等级 FAG（m, t），若 FAG（m, t）$<FAG$（m, $t-1$），表示 t 时段水库的防洪压力相比 $t-1$ 时段要低，则 QO（m, t）$=QO$（m, $t-1$）$-\Delta q$，反之，则 QO（m, t）$=QO$（m, $t-1$）$+\Delta q$，若 FAG（m, t）$=FAG$（m, $t-1$），表示前后时段水库的防洪压力不变，则 QO（m, t）$=QO$（m, $t-1$），其中 Δq 取各频率设计洪水优化调度结果中的最大泄量差值，各预警等级对应的跳级流量见表 5.8。

表 5.8　　　　　　　　龙、刘两库预警等级对应的跳级流量

防洪预警等级的转变	龙羊峡跳级流量 / （m³/s）	刘家峡跳级流量 / （m³/s）	防洪预警等级的转变	龙羊峡跳级流量 / （m³/s）	刘家峡跳级流量 / （m³/s）
I → II	562	674	III → IV	788	933
II → III	557	550	IV → V	1000	1500

3）调整 t 时段水库间的蓄洪比例，根据 Step2 确定的泄量重新计算 FAG，若｜FAG（1, t）$-FAG$（2, t）｜>1，说明龙、刘两库间的蓄洪比例不协调，若 FAG（1, t）$<FAG$（2, t），表明当前时段刘家峡水库的防洪压力较大，而龙羊峡水库的调洪库容未被充分利用。因此，采取龙羊峡多蓄水，刘家峡多泄水的方式降低防洪风险，故 QO（1, t）$=QO$（1, t）-1000，QO（2, t）$=QO$（2, t）$+1000$。当 FAG（1, t）$>FAG$（2, t）时，考虑到龙羊峡水库的调洪库容远大于刘家峡，为避免后续时段刘家峡水库遭遇大洪水，故不采取措施，即按原泄量进行调度。

4）调整前后时段水库泄量的跳级幅度，龙羊峡应满足｜QO（1, t）$-$

QO（1，$t-1$）$|\leqslant 1000\text{m}^3/\text{s}$，刘家峡应满足 $|\,QO$（2，t）$-QO$（2，$t-1$）$|\leqslant 1500\text{m}^3/\text{s}$，若超出范围则按式（5.2）调整泄量。

$$
\begin{cases}
QO(1,t)=\begin{cases}QO(1,t-1)+1000\ if\ QO(1,t)-QO(1,t-1)\geqslant 1000\\ QO(1,t-1)-1000\ if\ QO(1,t)-QO(1,t-1)\leqslant-1000\end{cases}\\
QO(2,t)=\begin{cases}QO(2,t-1)+1500\ if\ QO(2,t)-QO(2,t-1)\geqslant 1500\\ QO(2,t-1)-1500\ if\ QO(2,t)-QO(2,t-1)\leqslant-1500\end{cases}
\end{cases}
$$

$$(5.2)$$

5）判断 QO（m，t）是否位于 $[QO_{\min}，QO_{\max}]$ 区间内，若 QO（m，t）$<QO_{\min}$，则 QO（m，t）$=QO_{\min}$，若 QO（m，t）$>QO_{\max}$，则 QO（m，t）$=QO_{\max}$。

6）输出龙、刘两库的泄量 QO（1，t）、QO（2，t）及相应时段的预警等级 FAG（1，t），FAG（2，t）。

5.1.5　龙-刘梯级水库汛期调度规则的建立

梯级水库汛期调度不同于洪水期调度，洪水期的时段长度通常小于汛期，在一个汛期内往往可能发生一场或多场洪水，因此对水库防洪调度的要求相对更高，水库应在下场洪水到来前及时腾空防洪库容。此外，在汛期结束前水库所处的水位将在很大程度上决定水库在非汛期发挥的兴利效益，故水库应尽量在汛末前蓄至兴利水位。为此，本书将考虑上述要求，将防洪预警调度策略运用于汛期，并结合洪水预报模型对来水过程精确预报，建立龙-刘梯级水库汛期调度规则。

梯级水库汛期调度需要满足的两项要求是及时腾空防洪库容和汛末蓄至兴利水位，因此需要对防洪预警调度策略进一步完善。由于汛期的计算时段较长，水库起调流量的设置就显得尤为重要。起调流量过小，会导致水库早蓄，增大后期的防洪压力；起调流量过大，会造成水资源过度浪费，难以发挥水库的兴利作用。因此，综合考虑将防洪预警调度策略中的最小起调流量作为汛期调度时的水库起调流量。当水库来水小于起调流量时，按来多少放多少原则下泄，当水库来水大于起调流量时，启用防洪预警调度策略进行联合调度。此外，在一场洪水调度结束后，为了及时腾空库容应对后期可能出现的洪水，水库泄流应在入库流量的基础上加大 $100\text{m}^3/\text{s}$ 流量下泄直至接近汛限水位，这样既可以减少水库后续时段的防洪压力，又能以较为平稳的方式腾空水库。在汛期结束前，水库水位应逐渐过渡到兴利水位，具体是从 9 月 21 日起视来水情况择机蓄水，直至 10 月 31 日汛末蓄至兴利水位[5]。为简化计算，本书采取线性蓄水的方式，即在汛末前 30 天内，计算水库兴利库容与当前时段水库库容之差，之后转化为 30 天的平均流量，水库在未来时段里，均按此流量均匀蓄水。最后形成整套龙-刘梯级水库汛期调度规则流程如图 5.10 所示。

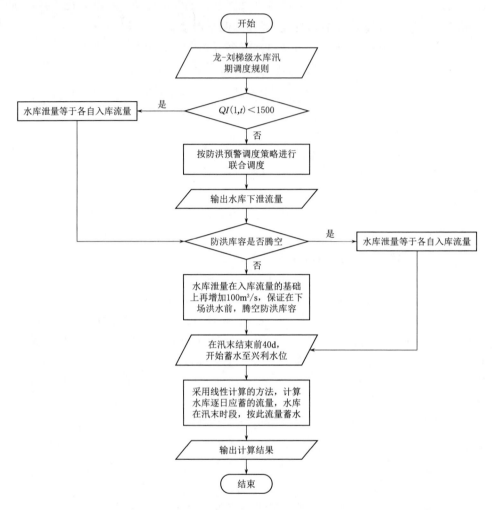

图 5.10 龙-刘梯级水库汛期调度规则流程图

5.2 现 行 汛 期 调 度 规 则

龙-刘梯级水库现行汛期调度规则（简称"常规调度规则"），既要保证下游防护对象不超过预定防洪标准，又要确保龙、刘两库的防洪安全。此外，应尽可能充分利用龙、刘两库的调洪库容，增加兴利效益。总体原则为在调度过程中不考虑洪水预报和水库预泄；在蓄洪阶段时水库泄量须小于入库流量，防止人为造峰；在调度过程中，保证水库的水位和泄量不超过防洪标准。

对龙、刘梯级水库联合常规调度做如下规定：调度最小计算时段为 1d，在进入防洪阶段后由汛限水位起调,龙羊峡水库汛限水位为2594m,刘家峡水库汛限水位为1726m。且龙羊峡水库到刘家峡水库的洪水传播时间为1d[5],因此,龙-刘区间洪水相比龙羊峡入库洪水推迟1d。

刘家峡水库的下泄流量直接关系着下游防护对象的安全,其下泄流量是由水库泄量图[97]确定的,假设刘家峡水库的天然入库流量(即龙羊峡的入库流量与龙-刘区间流量之和)为Q_2,刘家峡水库下泄流量为QO_2,则刘家峡水库t时段的下泄流量按如下规则确定。

(1) 当$Q_2 \leqslant 4290 \mathrm{m}^3/\mathrm{s}$,$QO_2(t) = Q_2(t)$。

(2) 当$Q_2 > 4290 \mathrm{m}^3/\mathrm{s}$,根据刘家峡天然入库流量$Q_2(t)$和前一时段末龙、刘两库的总蓄洪量$W(t-1)$,结合水库泄量图,判断洪水是否超过相应的防洪标准。若低于100年一遇标准,则$QO_2(t) \leqslant 4290 \mathrm{m}^3/\mathrm{s}$;若介于100年一遇和1000年一遇标准之间 $[Q_2(t) \geqslant 6510 \mathrm{m}^3/\mathrm{s}, W(t-1) \geqslant 29.6$亿$\mathrm{m}^3]$,则$QO_2(t) = 4510 \mathrm{m}^3/\mathrm{s}$;若介于1000年一遇和2000年一遇标准之间 $[Q_2(t) \geqslant 8420 \mathrm{m}^3/\mathrm{s}, W(t-1) \geqslant 44.5$亿$\mathrm{m}^3]$,则$QO_2(t) = 7260 \mathrm{m}^3/\mathrm{s}$;若超过2000年一遇标准 $[Q_2(t) \geqslant 8910 \mathrm{m}^3/\mathrm{s}, W(t-1) \geqslant 49.9$亿$\mathrm{m}^3]$,则水库敞泄。

龙羊峡水库的调洪库容远大于刘家峡水库,在联合调度中主要发挥补偿调节的作用[98]。当龙-刘区间洪水较大且刘家峡水库蓄洪过多时,龙羊峡水库可通过减少泄量的方式缓解刘家峡水库的防洪压力;当龙-刘区间洪水较小时,龙羊峡水库可通过加大泄量的方式保证龙、刘两库的调洪库容得到充分利用。龙羊峡水库的泄量是根据龙、刘两库的已蓄洪量来确定的。在计算中需要引入蓄洪比例系数K和调洪比例系数K_0,$K = W_1/W_2$(W_1为龙羊峡水库的蓄洪量,W_2为刘家峡水库的蓄洪量),$K_0 = V_1/V_2$(V_1为龙羊峡水库的调洪库容,V_2为刘家峡水库的调洪库容)。K反映了龙、刘两库当前时段的蓄洪比例,K_0反映了龙、刘两库期望的蓄洪比例。根据K和K_0按照以下规则确定龙羊峡水库t时段的下泄流量。

计算$t-1$时段末的蓄洪比例系数K_{t-1},若K_{t-1}接近K_0,表明龙、刘两库蓄洪比例合适,在t时段应维持$t-1$时段末的泄量;若K_{t-1}远大于K_0,表明龙羊峡水库蓄洪量偏大,在t时段应加大其泄洪量;若K_{t-1}远小于K_0,表明龙羊峡水库蓄洪量偏少,在t时段应减少其泄洪量。具体操作步骤如下:

(1) 若$K_0 - \Delta K \leqslant K_{t-1} \leqslant K_0 + \Delta K$时,则$QO_1(t) = QO_1(t-1)$。

(2) 若$K_{t-1} > K_0 + \Delta K$时,则$QO_1(t) = QO_1(t-1) + \Delta Q$。

(3) 若$K_{t-1} < K_0 - \Delta K$时,则$QO_1(t) = QO_1(t-1) - \Delta Q$。

其中K_0与ΔK需要通过试算确定,最终采用$K_0 = 0.5$,$\Delta Q = 1000 \mathrm{m}^3/\mathrm{s}$。

水库泄量如图5.11所示,图中有两组曲线,其中三条垂直虚线表示各频率

（$P=1\%$，$P=0.1\%$，$P=0.05\%$）的最大日平均流量用于判断当前时段最大流量是否超过某级防洪标准的最大流量；另一组实线表示对应频率的洪量判别线，用于反映当前时段洪量是否超过某级防洪标准的设计洪量。由这两组曲线可将泄量判别图划分为预警区 AA（alarm area）与跳级区 SA（skip area）两个区域[5]。以刘家峡水库天然入库流量为横坐标，龙、刘两库的已蓄洪量为纵坐标，可得判别点。当判别点位于预警区时，提醒调度人员做好跳级泄流的准备；当判别点位于跳级区时，则按现行调度规则跳级泄洪。例如，当判别点在某一频率最大日平均流量的右方，且位于某一频率洪量判别线的右上方，说明这场洪水的流量和洪量均超过某一频率的实际值，由此判断该场洪水比当前频率洪水更大，则跳级加大泄量。

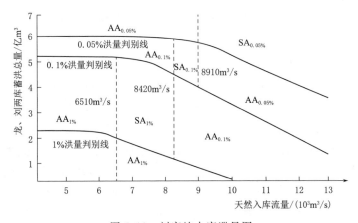

图 5.11　刘家峡水库泄量图

5.3　本　章　小　结

本章以黄河上游龙-刘梯级水库为例，建立了梯级水库汛期调度规则，并简单介绍了现行汛期调度规则。采用逐步回归法筛选预报因子，基于 BP 神经网络构建汛期入流预报模型；基于 1964 年和 1967 年洪水资料，采用多目标均衡优化法推求了各频率的设计洪水；基于设计洪水过程进行水库联合优化调度计算，根据优化调度结果，建立防洪预警泄流策略，最后，结合水库汛期调度的特点，建立了龙-刘梯级水库汛期调度规则。

第6章

黄河上游梯级水库汛期调度规则的检验

6.1 龙-刘梯级水库洪水期调度实例验证

洪水期是汛期的重要组成部分，也是梯级水库防洪调度的重点考察时段。水库在洪水期时来水量大、水位涨落迅速，往往面临更大的防洪压力。在重视防洪安全的黄河上游地区，分析洪水期的调度结果能够直观反映出水库调度规则的防洪效果。因此，选取若干场典型洪水，采取常规调度与汛期调度规则分别进行联合调度，分析两种规则的优劣。

1964年和1967年洪水是常用于黄河上游大型水库规划设计的典型洪水[99]，1000年一遇洪水是为了验证调度规则对较大洪水的可靠性而选取的设计洪水。因此，本书拟采用2场实测洪水（1964年、1967年）与1场设计洪水（1000年一遇）进行实例验证。

6.1.1 1964年洪水调度分析

1964年洪水历时45d，为重现期接近20年一遇的中等洪水。龙羊峡水库来水自7月开始上涨，在7月29日到达洪峰，峰值为3020m³/s，龙羊峡45d入库洪量为70.34亿m³；龙-刘区间洪水涨水快，洪量大。刘家峡水库的天然流量在7月26日到达洪峰，峰值为4990m³/s，龙-刘区间45d洪量为39.27亿m³。分别采用常规调度规则与汛期调度规则进行调度计算，调度结果见表6.1和表6.2。

由表6.1可知，龙羊峡水库在7月22日前均按入库流量下泄，直至刘家峡水库天然流量超过4290m³/s。在常规调度规则调度过程中，龙羊峡水库主要发挥补偿调节的作用。因此，龙羊峡水库自22日起按蓄洪比例蓄水，维持2500m³/s稳定下泄12d，直至8月3日龙羊峡入库流量小于2000m³/s后，继续按入库流量下泄；刘家峡水库在7月22日前均按入库流量下泄，下泄流量逐步增

53

表 6.1 1964 年洪水常规调度规则结果

日期	龙 羊 峡 水库			日期	刘 家 峡 水库		
	入库/(m³/s)	出库/(m³/s)	水位/m		入库/(m³/s)	出库/(m³/s)	水位/m
7.8	1530	1530	2594.00	7.9	2170	2170	1726.00
7.9	1440	1440	2594.00	7.10	2190	2190	1726.00
7.10	1410	1410	2594.00	7.11	2240	2240	1726.00
7.11	1530	1530	2594.00	7.12	2490	2490	1726.00
7.12	1680	1680	2594.00	7.13	2420	2420	1726.00
7.13	1660	1660	2594.00	7.14	2350	2350	1726.00
7.14	1650	1650	2594.00	7.15	2480	2480	1726.00
7.15	1540	1540	2594.00	7.16	2400	2400	1726.00
7.16	1510	1510	2594.00	7.17	2270	2270	1726.00
7.17	1620	1620	2594.00	7.18	2290	2290	1726.00
7.18	1620	1620	2594.00	7.19	2580	2580	1726.00
7.19	1760	1760	2594.00	7.20	2840	2840	1726.00
7.20	1710	1710	2594.00	7.21	3130	3130	1726.00
7.21	1740	1740	2594.00	7.22	3670	3670	1726.00
7.22	2110	2500	2593.91	7.23	4720	4290	1726.31
7.23	2500	2500	2593.91	7.24	4730	4290	1726.63
7.24	2620	2500	2593.94	7.25	4870	4290	1727.05
7.25	2540	2500	2593.95	7.26	4650	4290	1727.30
7.26	2560	2500	2593.96	7.27	4320	4290	1727.33
7.27	2760	2500	2594.02	7.28	4130	4290	1727.21
7.28	2980	2500	2594.13	7.29	3850	4290	1726.90
7.29	3020	2500	2594.26	7.30	4220	4220	1726.90
7.30	2900	2500	2594.35	7.31	3900	3900	1726.90
7.31	2660	2500	2594.39	8.1	3440	3440	1726.90
8.1	2360	2500	2594.35	8.2	2990	2990	1726.90
8.2	2080	2500	2594.26	8.3	2710	2710	1726.90
8.3	1880	1880	2594.26	8.4	2430	2430	1726.90
8.4	1730	1730	2594.26	8.5	2230	2230	1726.90

续表

日期	龙 羊 峡 水 库			日期	刘 家 峡 水 库		
	入库/(m³/s)	出库/(m³/s)	水位/m		入库/(m³/s)	出库/(m³/s)	水位/m
8.5	1600	1600	2594.26	8.6	2090	2090	1726.90
8.6	1520	1520	2594.26	8.7	1950	1950	1726.90
8.7	1460	1460	2594.26	8.8	2070	2070	1726.90
8.8	1340	1340	2594.26	8.9	1880	1880	1726.90
8.9	1320	1320	2594.26	8.10	1860	1860	1726.90
8.10	1360	1360	2594.26	8.11	2270	2270	1726.90
8.11	1320	1320	2594.26	8.12	2070	2070	1726.90
8.12	1260	1260	2594.26	8.13	2070	2070	1726.90
8.13	1310	1310	2594.26	8.14	2410	2410	1726.90
8.14	1370	1370	2594.26	8.15	2280	2280	1726.90
8.15	1480	1480	2594.26	8.16	2280	2280	1726.90
8.16	1480	1480	2594.26	8.17	2160	2160	1726.90
8.17	1450	1450	2594.26	8.18	2540	2540	1726.90
8.18	1450	1450	2594.26	8.19	2800	2800	1726.90
8.19	1530	1530	2594.26	8.20	2350	2350	1726.90
8.20	1550	1550	2594.26	8.21	2250	2250	1726.90
8.21	1510	1510	2594.26	8.22	2138	2138	1726.90

表 6.2　　　　　　　1964 年洪水汛期调度规则结果

日期	龙 羊 峡 水 库				日期	刘 家 峡 水 库			
	入库/(m³/s)	出库/(m³/s)	水位/m	预警等级		入库/(m³/s)	出库/(m³/s)	水位/m	预警等级
7.8	1530	1530	2594.00	I	7.9	2250	2250	1726.00	I
7.9	1440	1530	2593.98	I	7.10	2260	2250	1726.01	I
7.10	1410	1530	2593.95	I	7.11	2310	2250	1726.05	I
7.11	1530	1530	2593.95	I	7.12	2240	2250	1726.04	I
7.12	1680	1530	2593.99	I	7.13	2340	2250	1726.11	I
7.13	1660	1530	2594.02	I	7.14	2290	2250	1726.13	I
7.14	1650	1530	2594.04	I	7.15	2230	2250	1726.13	I

续表

日期	龙羊峡水库				日期	刘家峡水库			
	入库/ (m³/s)	出库/ (m³/s)	水位/ m	预警等级		入库/ (m³/s)	出库/ (m³/s)	水位/ m	预警等级
7.15	1540	1530	2594.05	I	7.16	2470	2250	1726.29	I
7.16	1510	1530	2594.04	I	7.17	2420	2250	1726.40	I
7.17	1620	1530	2594.06	I	7.18	2180	2250	1726.35	I
7.18	1620	1530	2594.08	I	7.19	2200	2250	1726.32	I
7.19	1760	1530	2594.14	I	7.20	2350	2250	1726.39	I
7.20	1710	1530	2594.18	I	7.21	2660	2250	1726.69	I
7.21	1740	1530	2594.23	I	7.22	2920	2924	1726.69	II
7.22	2110	1530	2594.37	I	7.23	3090	2924	1726.81	II
7.23	2500	1530	2594.60	I	7.24	3360	2924	1727.12	II
7.24	2620	1530	2594.85	I	7.25	3640	2924	1727.63	II
7.25	2540	1530	2595.09	I	7.26	3980	2924	1728.36	II
7.26	2560	1530	2595.33	I	7.27	3660	2924	1728.87	II
7.27	2760	1530	2595.62	I	7.28	3150	2924	1729.03	II
7.28	2980	1530	2595.96	I	7.29	2940	2924	1729.04	II
7.29	3020	1530	2596.30	I	7.30	2840	2924	1728.98	II
7.30	2900	1530	2596.62	I	7.31	2850	2924	1728.94	II
7.31	2660	1530	2596.88	I	8.1	2770	2924	1728.82	II
8.1	2360	1530	2597.07	I	8.2	2610	2924	1728.60	II
8.2	2080	1530	2597.20	I	8.3	2440	2924	1728.27	II
8.3	1880	1530	2597.28	I	8.4	2360	2924	1727.88	II
8.4	1730	1530	2597.33	I	8.5	2230	2924	1727.39	II
8.5	1600	1530	2597.34	I	8.6	2160	2250	1727.33	I
8.6	1520	1530	2597.34	I	8.7	2100	2250	1727.22	I
8.7	1460	1530	2597.33	I	8.8	2020	2250	1727.06	I
8.8	1340	1530	2597.28	I	8.9	2260	2250	1727.07	I
8.9	1320	1530	2597.24	I	8.10	2090	2250	1726.95	I
8.10	1360	1530	2597.20	I	8.11	2030	2250	1726.79	I
8.11	1320	1530	2597.15	I	8.12	2480	2250	1726.96	I

日期	龙 羊 峡 水 库				日期	刘 家 峡 水 库			
	入库/ (m³/s)	出库/ (m³/s)	水位/ m	预警等级		入库/ (m³/s)	出库/ (m³/s)	水位/ m	预警等级
8.12	1260	1530	2597.08	I	8.13	2340	2250	1727.02	I
8.13	1310	1530	2597.03	I	8.14	2290	2250	1727.05	I
8.14	1370	1530	2597.00	I	8.15	2570	2250	1727.28	I
8.15	1480	1530	2596.98	I	8.16	2330	2250	1727.33	I
8.16	1480	1530	2596.97	I	8.17	2330	2250	1727.39	I
8.17	1450	1530	2596.95	I	8.18	2240	2250	1727.38	I
8.18	1450	1530	2596.94	I	8.19	2620	2250	1727.64	I
8.19	1530	1530	2596.94	I	8.20	2800	2250	1728.02	I
8.20	1550	1530	2596.94	I	8.21	2330	2250	1728.08	I
8.21	1510	1530	2596.94	I	8.22	2270	2250	1728.10	I

大至 4290m³/s。自 22 日开始刘家峡稳定下泄 7d 直至 29 日，在安全度过洪峰后，水库水位接近汛限水位。之后继续按照来多少放多少的原则下泄，并视来水情况择机蓄水。整个调度过程中，水库泄量稳定，水位涨落平稳，其中龙羊峡水库最高水位 2594.35m，最大下泄流量 2500m³/s；刘家峡水库最高水位 1727.33m，最大下泄流量 4290m³/s。基于常规调度规则的调度过程详见图 6.1 与图 6.2。

由表 6.2 可知，在汛期调度规则调度过程中，水库的下泄量是由预警等级所决定的。当水库维持同一泄量超过 3d 时，认为此时段的下泄量为稳定泄量。龙羊峡水库各时段预警等级均为 1 级，由此判断出水库处于无危险状态，故龙羊峡水库始终按起调流量 1530m³/s 稳定下泄；刘家峡水库在 7 月 21 日前预警等级一直为 1 级，处于无危险状态，故按起调流量 2250m³/s 稳定下泄，自 7 月 22 日开始，龙-刘区间入流不断增加，防洪预警系统判断此时水库处于轻度危险状态，因此，从 7 月 22 日起刘家峡水库预警等级增至 2 级。为确保水库安全加大 674m³/s 的泄量继续泄洪，按 2924m³/s 流量稳定下泄 14d 后，预警等级又降至 1 级，此时水库下泄量又降至 2250m³/s，此后，维持该流量下泄。在整个调度过程中，水库跳级及时，泄量稳定，水位涨落较为平稳，呈现先增长后下降的变化趋势。其中龙羊峡水库的最高水位 2597.34m，最大下泄流量 1530m³/s；刘家峡水库最高水位 1729.04m，最大下泄量 2924m³/s。龙羊峡水库跳级 0 次，各时段预警等级均为 0；刘家峡水库跳级 2 次，预警等级从 1 级增至 2 级，然后又降至 1 级。基于汛期调度规则的调度过程详见图 6.1 与图 6.2。

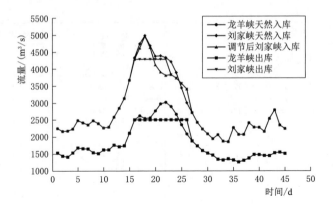

（a）常规调度规则泄流过程

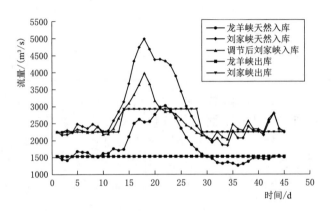

（b）汛期调度规则泄流过程

图 6.1 1964 年洪水常规调度规则与汛期调度规则泄流过程

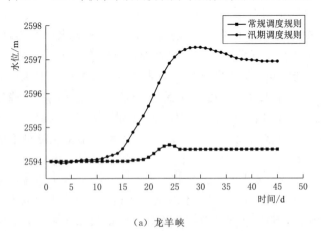

（a）龙羊峡

图 6.2（一） 1964 年洪水常规调度规则与汛期调度规则水位变化过程

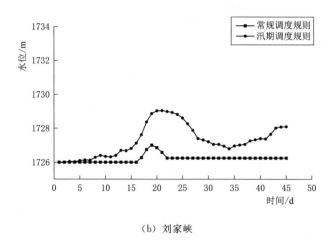

（b）刘家峡

图 6.2（二）　1964 年洪水常规调度规则与汛期调度规则水位变化过程

对比 1964 年洪水常规调度规则与汛期调度规则结果，从防洪方面来看，在常规调度规则中，龙羊峡水库削峰率 17.2%，水库滞洪量 1.76 亿 m^3，刘家峡水库削峰率 13.3%，水库滞洪量 0.29 亿 m^3，梯级联合削峰率 14.1%，联合滞洪量 2.05 亿 m^3；在汛期调度规则中，龙羊峡水库削峰率 49.3%，水库滞洪量 10.9 亿 m^3，刘家峡水库削峰率 26.5%，水库滞洪量 2.54 亿 m^3，梯级联合削峰率 41.4%，联合滞洪量 13.39 亿 m^3。从兴利方面来看，在常规调度规则中，龙羊峡水库平均运行水位 2594.20m，刘家峡水库平均运行水位 1726.21m；在汛期调度规则中，龙羊峡水库平均运行水位 2595.82m，刘家峡水库平均运行水位 1727.29m。综上所述，在 1964 年洪水调度中，汛期调度规则在防洪与兴利方面均要优于常规调度规则，具体表现在水库削峰效果好、滞洪量大。从而使得水库的平均运行水位更高，能够有效兼顾水库的防洪与兴利效益，而常规调度规则相对保守，其主要原因在于，在常规调度规则中，当入库流量小于 100 年一遇，刘家峡水库应尽量不蓄水，这就使得刘家峡水库在遭遇中小洪水时削峰效果差、滞洪量小，水库难以有效利用多余洪水抬高运行水位。

6.1.2　1967 年洪水调度分析

1967 年洪水历时 45d，为重现期接近 20 年一遇的中等洪水。龙羊峡水库来水自 8 月底开始上涨，在 9 月 8 日到达洪峰，峰值为 3070m^3/s，龙羊峡 45d 入库洪量为 86.07 亿 m^3；龙-刘区间洪水上涨较快，在未经上游水库调蓄的情况下，刘家峡水库的天然流量将在 9 月 10 日到达洪峰，峰值为 5250m^3/s，龙-刘区间 45d 洪量为 53.81 亿 m^3，从整体来看，1967 年区间洪水上涨速度快，区间洪量大，刘家峡水库面临较大的防洪压力。调度规则结果见表 6.3 和表 6.4。

表 6.3 1967 年洪水常规调度规则结果

日期	龙 羊 峡 水 库			日期	刘 家 峡 水 库		
	入库/(m³/s)	出库/(m³/s)	水位/m		入库/(m³/s)	出库/(m³/s)	水位/m
8.21	1680	1680	2594.00	8.22	2420	2420	1726.00
8.22	1700	1700	2594.00	8.23	2710	2710	1726.00
8.23	1780	1780	2594.00	8.24	2570	2570	1726.00
8.24	2070	2070	2594.00	8.25	3160	3160	1726.00
8.25	1990	1990	2594.00	8.26	3120	3120	1726.00
8.26	1900	1900	2594.00	8.27	3180	3180	1726.00
8.27	2190	2190	2594.00	8.28	3570	3570	1726.00
8.28	2290	2290	2594.00	8.29	3700	3700	1726.00
8.29	2310	2310	2594.00	8.30	3630	3630	1726.00
8.30	2340	2340	2594.00	8.31	3700	3700	1726.00
8.31	2350	2350	2594.00	9.1	4090	4090	1726.00
9.1	2450	2500	2593.99	9.2	4560	4290	1726.19
9.2	2490	2500	2593.99	9.3	4720	4290	1726.50
9.3	2570	2500	2594.00	9.4	4730	4290	1726.82
9.4	2670	2500	2594.04	9.5	4630	4290	1727.07
9.5	2700	2500	2594.09	9.6	4550	4290	1727.25
9.6	2780	2500	2594.16	9.7	4640	4290	1727.50
9.7	2940	2500	2594.26	9.8	4580	4290	1727.71
9.8	3070	2500	2594.39	9.9	4650	4290	1727.96
9.9	2940	2500	2594.50	9.10	4810	4290	1728.32
9.10	2940	2500	2594.60	9.11	4710	4290	1728.61
9.11	2970	2500	2594.71	9.12	4580	4290	1728.81
9.12	2930	2500	2594.81	9.13	4540	4290	1728.99
9.13	2930	2500	2594.91	9.14	4410	4290	1729.07
9.14	2900	2500	2595.01	9.15	4230	4290	1729.03
9.15	2740	2500	2595.06	9.16	4100	4290	1728.90
9.16	2620	2500	2595.06	9.17	4010	3890	1728.90
9.17	2480	2480	2595.06	9.18	3900	3900	1728.90
9.18	2320	2320	2595.06	9.19	3680	3680	1728.90

续表

日期	龙 羊 峡 水 库			日期	刘 家 峡 水 库		
	入库/(m³/s)	出库/(m³/s)	水位/m		入库/(m³/s)	出库/(m³/s)	水位/m
9.19	2210	2210	2595.06	9.20	3330	3330	1728.90
9.20	2070	2070	2595.06	9.21	3050	3050	1728.90
9.21	1970	1970	2595.06	9.22	2890	2890	1728.90
9.22	1900	1900	2595.06	9.23	2730	2730	1728.90
9.23	1830	1830	2595.06	9.24	2580	2580	1728.90
9.24	1750	1750	2595.06	9.25	2510	2510	1728.90
9.25	1710	1710	2595.06	9.26	2430	2430	1728.90
9.26	1690	1690	2595.06	9.27	2500	2500	1728.90
9.27	1640	1640	2595.06	9.28	2570	2570	1728.90
9.28	1600	1600	2595.06	9.29	2390	2390	1728.90
9.29	1560	1560	2595.06	9.30	2420	2420	1728.90
9.30	1530	1530	2595.06	10.1	2420	2420	1728.90
10.1	1520	1520	2595.06	10.2	2430	2430	1728.90
10.2	1530	1530	2595.06	10.3	2440	2440	1728.90
10.3	1520	1520	2595.06	10.4	2410	2410	1728.90
10.4	1550	1550	2595.06	10.5	2400	2400	1728.90

表 6.4　　　　　　　**1967 年洪水汛期调度规则结果**

日期	龙 羊 峡 水 库				日期	刘 家 峡 水 库			
	入库/(m³/s)	出库/(m³/s)	水位/m	预警等级		入库/(m³/s)	出库/(m³/s)	水位/m	预警等级
8.21	1680	1680	2594.00	I	8.22	2420	2420	1726.00	I
8.22	1700	1780	2593.98	I	8.23	2790	2570	1726.16	I
8.23	1780	1780	2593.98	I	8.24	2570	2570	1726.16	I
8.24	2070	1780	2594.05	I	8.25	2870	2570	1726.38	I
8.25	1990	1780	2594.10	I	8.26	2910	2570	1726.62	I
8.26	1900	1780	2594.13	I	8.27	3060	2570	1726.98	I
8.27	2190	1780	2594.22	I	8.28	3160	2570	1727.40	I
8.28	2290	1780	2594.34	I	8.29	3190	2570	1727.83	I
8.29	2310	1780	2594.47	I	8.30	3100	2570	1728.20	I

续表

日期	龙 羊 峡 水 库				日期	刘 家 峡 水 库			
	入库/ （m³/s）	出库/ （m³/s）	水位/ m	预警等级		入库/ （m³/s）	出库/ （m³/s）	水位/ m	预警等级
8.30	2340	1780	2594.60	Ⅰ	8.31	3140	2570	1728.60	Ⅰ
8.31	2350	1780	2594.73	Ⅰ	9.1	3520	2570	1729.25	Ⅰ
9.1	2450	1780	2594.89	Ⅰ	9.2	3840	3244	1729.66	Ⅱ
9.2	2490	1780	2595.06	Ⅰ	9.3	4000	3244	1730.17	Ⅱ
9.3	2570	1780	2595.24	Ⅰ	9.4	4010	3244	1730.69	Ⅱ
9.4	2670	1780	2595.45	Ⅰ	9.5	3910	3244	1731.14	Ⅱ
9.5	2700	1780	2595.67	Ⅰ	9.6	3830	3244	1731.53	Ⅱ
9.6	2780	1780	2595.90	Ⅰ	9.7	3920	3244	1731.98	Ⅱ
9.7	2940	1780	2596.17	Ⅰ	9.8	3860	3244	1732.39	Ⅱ
9.8	3070	1780	2596.47	Ⅰ	9.9	3930	3244	1732.84	Ⅱ
9.9	2940	1780	2596.74	Ⅰ	9.10	4090	3244	1733.40	Ⅱ
9.10	2940	1780	2597.01	Ⅰ	9.11	3990	3244	1733.89	Ⅱ
9.11	2970	1780	2597.28	Ⅰ	9.12	3860	3244	1734.29	Ⅱ
9.12	2930	1500	2597.61	Ⅰ	9.13	3540	3790	1734.13	Ⅱ
9.13	2930	1500	2597.94	Ⅰ	9.14	3410	3790	1733.88	Ⅱ
9.14	2900	1500	2598.26	Ⅰ	9.15	3230	3790	1733.51	Ⅱ
9.15	2740	1500	2598.55	Ⅰ	9.16	3100	3790	1733.06	Ⅱ
9.16	2620	1500	2598.81	Ⅰ	9.17	2890	3790	1732.46	Ⅱ
9.17	2480	1500	2599.03	Ⅰ	9.18	2920	3790	1731.88	Ⅱ
9.18	2320	1500	2599.22	Ⅰ	9.19	2860	3790	1731.26	Ⅱ
9.19	2210	1500	2599.38	Ⅰ	9.20	2620	3790	1730.48	Ⅱ
9.20	2070	1500	2599.51	Ⅰ	9.21	2480	3790	1729.59	Ⅱ
9.21	1970	1500	2599.62	Ⅰ	9.22	2420	3790	1728.65	Ⅱ
9.22	1900	1500	2599.71	Ⅰ	9.23	2330	3790	1727.63	Ⅱ
9.23	1830	1500	2599.78	Ⅰ	9.24	2250	3790	1726.53	Ⅱ
9.24	1750	1500	2599.84	Ⅰ	9.25	2260	3790	1725.41	Ⅱ
9.25	1710	1500	2599.89	Ⅰ	9.26	2220	2290	1725.36	Ⅰ
9.26	1690	1500	2599.93	Ⅰ	9.27	2310	2000	1725.59	Ⅰ
9.27	1640	1500	2599.96	Ⅰ	9.28	2430	2000	1725.91	Ⅰ

续表

| 日期 | 龙羊峡水库 | | | | 日期 | 刘家峡水库 | | | |
	入库/(m^3/s)	出库/(m^3/s)	水位/m	预警等级		入库/(m^3/s)	出库/(m^3/s)	水位/m	预警等级
9.28	1600	1500	2599.99	I	9.29	2290	2000	1726.12	I
9.29	1560	1500	2600.00	I	9.30	2360	2000	1726.38	I
9.30	1530	1500	2600.01	I	10.1	2390	2000	1726.67	I
10.1	1520	1500	2600.01	I	10.2	2410	2000	1726.96	I
10.2	1530	1500	2600.02	I	10.3	2410	2000	1727.25	I
10.3	1520	1500	2600.02	I	10.4	2390	2000	1727.53	I
10.4	1550	1500	2600.03	I	10.5	2350	2000	1727.77	I

由表6.3可知，在常规调度规则调度过程中，龙羊峡水库在9月1日前一直按入库流量下泄直到刘家峡天然流量超过4290m³/s。之后，龙羊峡水库开始根据蓄洪比例补偿调节，一直按2500m³/s稳定泄流16d，直到9月17日刘家峡天然流量低于4290m³/s，继续按入库流量下泄；刘家峡在9月2日前一直来多少放多少，之后按水库泄量图确定泄流，因1967年洪水低于100年一遇防洪标准，故始终按4290m³/s泄量下泄，在稳定泄流到9月17日后，继续按入库流量下泄，之后再根据来水情况适当蓄水。整个调度过程中，龙羊峡和刘家峡水库水位平稳上升，基本保持在汛限水位以上，龙羊峡水库最高水位2595.06m，最大下泄流量2500m³/s；刘家峡水库最高水位1729.07m，最大下泄流量4290m³/s。基于常规调度规则的调度过程详见图6.3与图6.4。

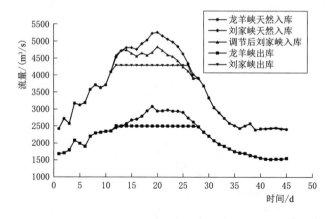

（a）常规调度规则泄流过程

图6.3（一）　1967年洪水常规调度规则与汛期调度规则泄流过程

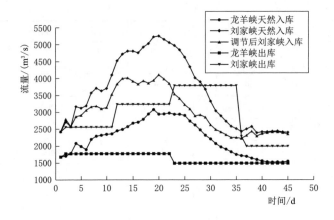

（b）汛期调度规则泄流过程

图 6.3（二） 1967 年洪水常规调度规则与汛期调度规则泄流过程

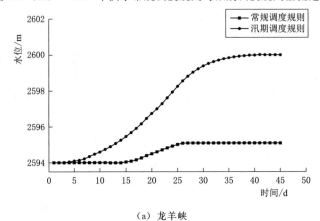

（a）龙羊峡

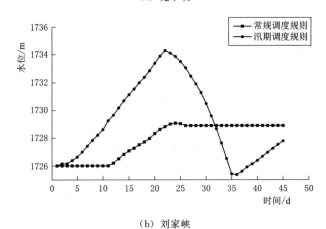

（b）刘家峡

图 6.4 1967 年洪水常规调度规则与汛期调度规则水位变化过程

由表 6.4 可知，在汛期调度规则调度过程中，龙、刘两库首日按各自入库流量下泄，之后根据龙羊峡前两日的入库流量确定 $Q_{起调}$ 为 1780 m^3/s，随后龙羊峡水库一直按 1780 m^3/s 稳定下泄至 9 月 11 日。之后由于龙、刘两库蓄洪比例调整，龙羊峡水库下泄量降至最小下泄流量 1500 m^3/s，此后一直维持 1500 m^3/s 泄量下泄；刘家峡首日按入库流量下泄，之后按确定的起调流量 2570 m^3/s 稳定泄流 10d，期间预警等级为 1 级。到了 9 月 2 日，水库预警等级增至 2 级，由此判断水库处于轻度危险状态，因此加大 674 m^3/s 的泄量继续泄洪，按 3244 m^3/s 稳定下泄 11d 平稳度过洪峰。到了 9 月 13 日，刘家峡水库的水位已接近 1735m，对应预警等级增至 3 级，而龙羊峡水库的预警仍为 1 级，两库之间的预警等级相差 2 级，由此判断两库的蓄洪比例不协调，因此采取减少龙羊峡泄量，增加刘家峡泄量的措施，重新调整蓄洪比例。之后刘家峡维持 3790 m^3/s 稳定下泄 13d，在蓄洪比例调整后刘家峡水库预警等级降至 2 级。到了 9 月 26 日，刘家峡水库水位已低于汛限水位，因此将下泄量逐步减少至 2000 m^3/s，相应预警等级也降至 1 级，之后维持 2000 m^3/s 泄量下泄。整个调度过程中，龙羊峡水库的最高水位 2600.03m，最大下泄流量 1780 m^3/s；刘家峡水库最高水位 1734.29m，最大下泄量 3790 m^3/s。龙羊峡水库跳级 1 次，各时段预警等级均为 1；刘家峡水库跳级 3 次，预警等级从 1 级增至 2 级，然后又降至 1 级。龙羊峡水位平稳上升，刘家峡水位先升后降，后期又逐渐上升。基于汛期调度规则的调度过程详见图 6.3 与图 6.4。

对比 1967 年洪水常规调度规则与汛期调度规则结果，从防洪方面来看，在常规调度规则中，龙羊峡水库削峰率 18.6%，水库滞洪量 4.01 亿 m^3，刘家峡水库削峰率 14.5%，水库滞洪量 3.40 亿 m^3，梯级联合削峰率 18.3%，联合滞洪量 7.54 亿 m^3；在汛期调度规则中，龙羊峡水库削峰率 42.01%，水库滞洪量 22.52 亿 m^3，刘家峡水库削峰率 7.33%，水库滞洪量 2.14 亿 m^3，梯级联合削峰率 27.8%，联合滞洪量 24.66 亿 m^3。从兴利方面来看，在常规调度规则中，龙羊峡平均运行水位 2594.60m，刘家峡平均运行水位 1727.90m；在汛期调度规则中，龙羊峡平均运行水位 2597.30m，刘家峡平均运行水位 1729.20m。综上所述，在 1967 年洪水调度中，汛期调度规则在防洪与兴利方面的表现整体优于常规调度规则。

6.1.3　1000 年一遇洪水调度分析

1000 年一遇洪水历时 45d，是基于 1967 年典型洪水过程放大所得到的，龙羊峡入库洪峰峰值为 6778 m^3/s，龙羊峡水库 45d 入库洪量为 164.06 亿 m^3；龙-刘区间洪量较大，刘家峡水库天然流量的洪峰峰值为 9343 m^3/s，龙-刘区间 45d 洪量为 37.37 亿 m^3。本场洪水量级较大，将给龙、刘两库带来很大的防洪压力。调度规则结果见表 6.5 和表 6.6。

表 6.5　　　　　　　　　1000 年一遇洪水常规调度规则结果

日期	龙 羊 峡 水 库			日期	刘 家 峡 水 库		
	入库/(m³/s)	出库/(m³/s)	水位/m		入库/(m³/s)	出库/(m³/s)	水位/m
8.21	3043	3043	2594.00	8.22	3320	3320	1726.00
8.22	3096	3096	2594.00	8.23	3579	3579	1726.00
8.23	3177	3177	2594.00	8.24	3307	3307	1726.00
8.24	4012	3500	2594.12	8.25	3913	3913	1726.00
8.25	3601	4000	2594.03	8.26	4945	4290	1726.48
8.26	3459	3000	2594.13	8.27	4020	4290	1726.28
8.27	4226	3000	2594.42	8.28	3681	4290	1725.84
8.28	4404	3000	2594.75	8.29	4030	4290	1725.64
8.29	4425	3000	2595.09	8.30	3411	4290	1724.99
8.30	4509	3000	2595.44	8.31	3968	4290	1724.75
8.31	4485	3000	2595.79	9.1	4582	4290	1724.97
9.1	4744	3000	2596.19	9.2	5059	4290	1725.54
9.2	4706	3000	2596.59	9.3	5049	4290	1726.10
9.3	4959	4000	2596.81	9.4	5795	4290	1727.19
9.4	5216	4000	2597.10	9.5	6171	4290	1728.50
9.5	5115	4000	2597.35	9.6	6015	4290	1729.69
9.6	5458	4000	2597.69	9.7	5538	4290	1730.53
9.7	5564	4000	2598.05	9.8	6530	4290	1732.03
9.8	6778	3000	2598.92	9.9	4021	4290	1731.85
9.9	5725	3000	2599.54	9.10	6618	4290	1733.39
9.10	5649	3000	2600.14	9.11	5282	4510	1733.89
9.11	5908	3000	2600.80	9.12	4525	4510	1733.91
9.12	5579	3000	2601.38	9.13	4909	4510	1734.17
9.13	5761	3000	2602.01	9.14	4584	4510	1734.22
9.14	5569	3000	2602.58	9.15	4254	4510	1734.05
9.15	5201	3000	2603.07	9.16	3698	4510	1733.52
9.16	5050	4000	2603.31	9.17	4671	4510	1733.62
9.17	4871	4000	2603.50	9.18	4519	4510	1733.63
9.18	4342	4000	2603.58	9.19	5044	4510	1733.98

续表

日期	龙 羊 峡 水 库			日期	刘 家 峡 水 库		
	入库/(m³/s)	出库/(m³/s)	水位/m		入库/(m³/s)	出库/(m³/s)	水位/m
9.19	4126	4000	2603.60	9.20	4461	4510	1733.95
9.20	3829	4000	2603.57	9.21	4230	4290	1733.91
9.21	3701	4000	2603.50	9.22	4382	4290	1733.97
9.22	3545	4000	2603.40	9.23	4226	4290	1733.92
9.23	3531	4000	2603.29	9.24	3919	4290	1733.68
9.24	3411	4000	2603.16	9.25	3894	4290	1733.42
9.25	3225	4000	2602.99	9.26	4230	4290	1733.39
9.26	3056	4000	2602.78	9.27	4228	4290	1733.34
9.27	3007	4000	2602.56	9.28	4550	4290	1733.52
9.28	2879	4000	2602.31	9.29	4200	4290	1733.45
9.29	2891	4000	2602.06	9.30	4482	4290	1733.58
9.30	2711	4000	2601.77	10.1	4572	4290	1733.77
10.1	2769	4000	2601.49	10.2	4358	4290	1733.81
10.2	2948	4000	2601.25	10.3	4350	4290	1733.85
10.3	2781	4000	2600.98	10.4	4411	4290	1733.92
10.4	2840	4000	2600.71	10.5	4533	4290	1734.08

表 6.6　　　　　　　　1000 年一遇洪水汛期调度规则结果

日期	龙 羊 峡 水 库				日期	刘 家 峡 水 库			
	入库/(m³/s)	出库/(m³/s)	水位/m	预警等级		入库/(m³/s)	出库/(m³/s)	水位/m	预警等级
8.21	3043	3043	2594.00	Ⅰ	8.22	3320	3320	1726.00	Ⅰ
8.22	3096	3605	2593.88	Ⅱ	8.23	4088	3994	1726.07	Ⅱ
8.23	3177	3605	2593.78	Ⅱ	8.24	3735	3994	1725.88	Ⅱ
8.24	4012	3605	2593.87	Ⅱ	8.25	4018	3994	1725.90	Ⅱ
8.25	3601	3605	2593.87	Ⅱ	8.26	4550	3994	1726.30	Ⅱ
8.26	3459	3605	2593.84	Ⅱ	8.27	4625	3994	1726.76	Ⅱ
8.27	4226	3605	2593.99	Ⅱ	8.28	4286	3994	1726.97	Ⅱ
8.28	4404	3605	2594.17	Ⅱ	8.29	4635	3994	1727.42	Ⅱ
8.29	4425	3605	2594.37	Ⅱ	8.30	4016	3994	1727.44	Ⅱ

续表

日期	龙 羊 峡 水 库				日期	刘 家 峡 水 库			
	入库/ (m³/s)	出库/ (m³/s)	水位/ m	预警等级		入库/ (m³/s)	出库/ (m³/s)	水位/ m	预警等级
8.30	4509	3605	2594.58	Ⅱ	8.31	4573	3994	1727.85	Ⅱ
8.31	4485	3605	2594.79	Ⅱ	9.1	5187	3994	1728.68	Ⅱ
9.1	4744	3605	2595.05	Ⅱ	9.2	5664	3994	1729.82	Ⅱ
9.2	4706	3605	2595.31	Ⅱ	9.3	5654	3994	1730.95	Ⅱ
9.3	4959	4000	2595.54	Ⅲ	9.4	5795	4510	1731.80	Ⅲ
9.4	5216	3000	2596.05	Ⅱ	9.5	5171	4510	1732.24	Ⅲ
9.5	5115	2500	2596.66	Ⅱ	9.6	4515	4510	1732.24	Ⅲ
9.6	5458	2500	2597.34	Ⅱ	9.7	4038	4510	1731.93	Ⅲ
9.7	5564	2500	2598.05	Ⅱ	9.8	5030	4510	1732.27	Ⅲ
9.8	6778	2500	2599.03	Ⅱ	9.9	3521	4510	1731.62	Ⅲ
9.9	5725	2500	2599.77	Ⅱ	9.10	6118	4510	1732.68	Ⅳ
9.10	5649	2500	2600.48	Ⅱ	9.11	4782	4510	1732.86	Ⅲ
9.11	5908	2500	2601.26	Ⅱ	9.12	4025	4510	1732.55	Ⅲ
9.12	5579	2500	2601.95	Ⅱ	9.13	4409	4510	1732.48	Ⅲ
9.13	5761	2500	2602.68	Ⅱ	9.14	4084	4510	1732.19	Ⅲ
9.14	5569	3500	2603.14	Ⅲ	9.15	4754	4510	1732.35	Ⅲ
9.15	5201	4000	2603.41	Ⅳ	9.16	4698	4290	1732.62	Ⅲ
9.16	5050	4000	2603.64	Ⅳ	9.17	4671	4290	1732.88	Ⅲ
9.17	4871	4000	2603.84	Ⅳ	9.18	4519	4290	1733.03	Ⅲ
9.18	4342	4000	2603.91	Ⅲ	9.19	5044	4290	1733.52	Ⅲ
9.19	4126	4000	2603.94	Ⅲ	9.20	4461	4290	1733.64	Ⅲ
9.20	3829	4000	2603.90	Ⅲ	9.21	4230	4290	1733.60	Ⅲ
9.21	3701	4000	2603.84	Ⅲ	9.22	4382	4290	1733.66	Ⅲ
9.22	3545	4000	2603.74	Ⅲ	9.23	4226	4290	1733.61	Ⅲ
9.23	3531	4000	2603.63	Ⅲ	9.24	3919	4290	1733.37	Ⅲ
9.24	3411	4000	2603.50	Ⅲ	9.25	3894	4290	1733.11	Ⅲ
9.25	3225	4000	2603.33	Ⅲ	9.26	4230	4290	1733.08	Ⅲ
9.26	3056	4000	2603.12	Ⅲ	9.27	4228	4290	1733.03	Ⅲ
9.27	3007	4000	2602.90	Ⅲ	9.28	4550	4290	1733.20	Ⅲ

续表

日期	龙 羊 峡 水 库				日期	刘 家 峡 水 库			
	入库/ (m³/s)	出库/ (m³/s)	水位/ m	预警等级		入库/ (m³/s)	出库/ (m³/s)	水位/ m	预警等级
9.28	2879	4000	2602.65	Ⅲ	9.29	4200	4290	1733.14	Ⅲ
9.29	2891	4000	2602.40	Ⅲ	9.30	4482	4290	1733.27	Ⅲ
9.30	2711	4000	2602.11	Ⅲ	10.1	4572	4290	1733.45	Ⅲ
10.1	2769	4000	2601.83	Ⅲ	10.2	4358	4290	1733.50	Ⅲ
10.2	2948	4000	2601.60	Ⅲ	10.3	4350	4290	1733.54	Ⅲ
10.3	2781	4000	2601.32	Ⅲ	10.4	4411	4290	1733.62	Ⅲ
10.4	2840	4000	2601.06	Ⅲ	10.5	4533	4290	1733.78	Ⅲ

由表 6.5 可知，在常规调度规则调度过程中，龙羊峡水库在前 3d 一直按入库流量下泄，到 8 月 24 日刘家峡天然流量超过 4290m³/s 后开始蓄水，起初泄量为 3500m³/s，在经历了两次蓄洪比例调整后，泄量增至 4000m³/s，后又降至 3000m³/s，此后，龙、刘两库蓄洪比例接近期望值，故按 3000m³/s 稳定下泄 8d。到了 9 月 3 日，由水库泄量图判断出龙羊峡水库蓄水过多，故水库加大泄量，按 4000m³/s 泄量稳定下泄 5d。到了 9 月 8 日，上游干流来水到达洪峰，为保证刘家峡水库的安全，龙羊峡水库泄量降至 3000m³/s，之后按 3000m³/s 下泄，平稳度过洪峰。到了 9 月 16 日，龙羊峡水库水位略高于汛限水位，为确保龙羊峡水库的安全，按最大允许泄量 4000m³/s 下泄，以腾出防洪库容应对后续洪水；刘家峡水库在前 4d 一直按入库流量下泄，从 8 月 26 日开始，刘家峡水库按 4290m³/s 下泄，到了 9 月 11 日，由水库泄量图判断，刘家峡当前洪水标准已超百年一遇，故将刘家峡水库泄量增至 4510m³/s。按 4510m³/s 下泄到 9 月 20 日，考虑到上游龙羊峡水库已按最大允许泄量 4000m³/s 下泄，为确保刘家峡的安全，一直按最大允许泄量 4290m³/s 下泄。整个调度过程中，龙羊峡水库最高水位 2603.60m，最大下泄流量 4000m³/s；刘家峡水库最高水位 1733.98m，最大下泄流量 4510m³/s，龙羊峡水位先升后降，刘家峡水位除部分时段存在波动外，整体呈现先降后升的趋势。基于常规调度规则的调度过程详见图 6.5 与图 6.6。

由表 6.6 可知，在汛期调度规则调度过程中，龙羊峡水库首日按入库流量下泄，之后预警等级迅速增至 2 级，判断龙羊峡水库处于轻度危险状态，因此加大泄量至 3605m³/s，按 3605m³/s 稳定下泄 12d。从 9 月 3 日开始，由于干流来水逐渐上涨，龙羊峡预警等级增至 3 级，此时，龙羊峡泄量增至 4000m³/s。到了 9 月 4 日，由于刘家峡水库预警等级增至 4 级，已处于重度危险状态，因此

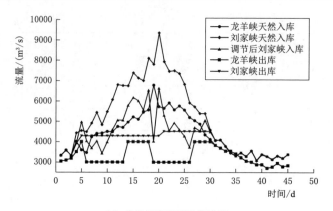

（a）常规调度规则泄流过程

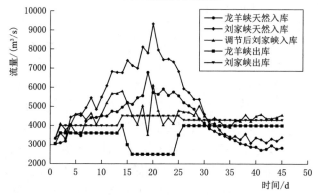

（b）汛期调度规则泄流过程

图 6.5　1000 年一遇洪水常规调度规则与汛期调度规则泄流过程

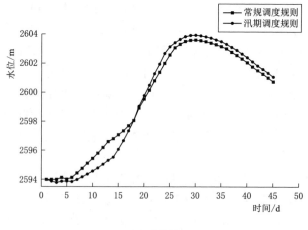

（a）龙羊峡

图 6.6（一）　1000 年一遇洪水常规调度规则与汛期调度规则水位变化过程

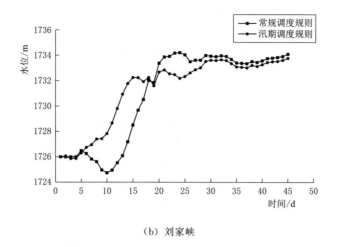

（b）刘家峡

图 6.6（二）　1000 年一遇洪水常规调度规则与汛期调度规则水位变化过程

需要调整龙、刘两库的蓄洪比例，龙羊峡泄量降至 3000m³/s，由于 9 月 3 日龙羊峡水库已按 4000m³/s 下泄，本时段龙羊峡预警等级又降至 2 级，泄量调整后，9 月 5 日刘家峡预警等级由 4 级降至 3 级。到了 9 月 6 日，龙羊峡水库仍需减少泄量，以确保刘家峡水库的安全。考虑到龙羊峡水库的运行水位不能过高，故按 2500m³/s 稳定下泄 9d，平稳度过洪峰，期间龙羊峡预警等级均处于 2 级。到了 9 月 14 日，龙羊峡水库由于参与补偿调节已占用了较多的防洪库容，为了应对后续洪水和确保自身安全，龙羊峡开始逐渐加大泄量，腾空防洪库容。龙羊峡水库下泄量逐渐增大至 4000m³/s，由于水库滞洪量较大，到洪水期结束时，龙羊峡水库的运行水位仍然较高，对应水库预警等级由 4 级降至 3 级。

刘家峡水库首日来多少放多少，由于水库入库流量较大，从第 2 日开始水库预警等级迅速增至 2 级，对应刘家峡泄量增至 3994m³/s，此后按 3994m³/s 稳定下泄 12d，在这期间预警等级一直处于 2 级。到了 9 月 4 日，由于来水逐渐增加，水库预警等级增至 3 级，刘家峡水库按最大允许泄量 4510m³/s 下泄。在 9 月 5 日时，刘家峡水库预警等级原本增至 4 级，但通过调整龙羊峡水库的泄量，又降回 3 级，之后水库一直按 4510m³/s 稳定下泄 12d，除 9 月 10 日预警等级为 4 级（刘家峡入库流量到达洪峰）外，其余时段均为 3 级。从 9 月 16 日起，上游龙羊峡水库开始加大泄量腾空库容，刘家峡水库也按 4290m³/s 稳定下泄至洪水期结束，期间预警等级均处于 3 级。整个调度过程中，龙羊峡水库的最高水位 2603.98m，最大下泄流量 4000m³/s；刘家峡水库最高水位 1733.66m，最大下泄量 4510m³/s。龙羊峡水库跳级 2 次，预警等级由 1 级增至 4 级，后又降至 3 级；刘家峡水库跳级 2 次，预警等级由 1 级增至 4 级，再降至 3 级。龙羊峡水位先升后降，刘家峡水位整体上升，局部波动。基于汛期调度规则的调度过程详见图 6.5 与图 6.6。

对比 1000 年一遇洪水常规调度规则与汛期调度规则结果，从防洪方面来看，在常规调度规则中，龙羊峡水库削峰率 40.99％，水库滞洪量 25.11 亿 m³，刘家峡水库削峰率 31.85％，水库滞洪量 10.24 亿 m³，梯级联合削峰率 51.73％，联合滞洪量 35.36 亿 m³；在汛期调度规则中，龙羊峡水库削峰率 40.99％，水库滞洪量 26.42 亿 m³，刘家峡水库削峰率 26.28％，水库滞洪量 9.83 亿 m³，梯级联合削峰率 51.73％，联合滞洪量 36.26 亿 m³。从兴利方面来看，在常规调度规则中，龙羊峡平均运行水位 2599.51m，刘家峡平均运行水位 1730.94m；在汛期调度规则中，龙羊峡平均运行水位 2599.49m，刘家峡平均运行水位 1731.33m。整体来看，在 1000 年一遇洪水调度中，常规调度规则与汛期调度规则在防洪方面效果比较接近，具体表现在前者的削峰率（刘家峡水库）要高于后者，而后者的滞洪量要大于前者。在兴利方面，后者要略优于前者，具体体现在汛期调度规则中龙羊峡水库的平均运行水位和前者相差很小，但刘家峡水库的平均运行水位比前者高出 0.39m，这表明在保证防洪安全的前提下，后者能够比前者获得更高的兴利效益。综上所述，在 1000 年一遇洪水调度中，采用汛期调度规则所得到的综合效益要略高于常规调度规则。

6.1.4 洪水期调度效果评价

为进一步的评价两种调度规则在洪水期的调度效果，本书采用水库联合削峰率、水库最大滞洪量、水库最高运行水位 3 项指标反映梯级水库的防洪效益；采用水库平均运行水位、调洪结束水位 2 项指标反映梯级水库的兴利效益，龙、刘两库不同调度规则下防洪效益与兴利效益综合对比结果见表 6.7。

表 6.7　龙、刘两库不同调度规则下防洪效益与兴利效益综合对比结果

调度规则		常规调度规则			汛期调度规则		
洪水类型		1964 年	1967 年	1000 年一遇	1964 年	1967 年	1000 年一遇
联合削峰率/%		14.10	18.3	51.73	41.40	27.80	51.73
最大滞洪量/亿 m³		2.05	7.54	35.36	13.39	24.66	36.26
最高水位/m	龙羊峡	2594.35	2595.06	2603.60	2597.34	2600.03	2603.98
	刘家峡	1727.33	1729.07	1733.98	1729.04	1734.29	1733.66
平均水位/m	龙羊峡	2594.20	2594.60	2599.51	2595.80	2597.30	2599.49
	刘家峡	1727.20	1727.90	1730.94	1727.29	1729.20	1731.33
结束水位/m	龙羊峡	2594.26	2595.06	2600.71	2596.94	2600.03	2601.06
	刘家峡	1726.90	1728.90	1734.08	1728.10	1727.77	1733.78

从防洪效益来看，在不同来水情景下，汛期调度规则的水库联合削峰率、水库联合滞洪量以及水库最高运行水位均要高出常规调度规则，其中水库联合削峰率高出 9.5%～27.3%，水库最大滞洪量高出 0.90 亿～17.12 亿 m³，水库最高运行水位高出 0.38～5.22m；从兴利效益来看，汛期调度规则的平均运行水位和调洪结束水位也基本高于常规调度规则，其中平均运行水位和调洪结束水位高出常规调度规则 0.09～2.71m。需要说明的是，在 1967 年和 1000 年一遇洪水情况下，汛期调度规则的调洪结束水位略低于常规调度规则，这主要是因为汛期调度规则中设定的跳级流量可能过大，导致水库在泄流过程中腾空库容的速度过快，而后期水库来水相对较小，因此，造成调洪结束水位偏低，但总体来看，前者的平均运行水位仍要高于后者。

综上所述，汛期调度规则能够充分利用水库的防洪库容拦蓄洪水，以较小的下泄流量安全度过洪峰，后期又能将水库蓄积的洪水平稳下泄，从而加大水库的削峰程度，提高水库的滞洪能力和运行水位。整体而言，汛期调度规则能够在保证水库防洪安全的前提下，更好地发挥水库的兴利作用。

6.2　龙-刘梯级水库汛期调度实例验证

6.2.1　1981 年汛期调度

在实际调度中，由于水库当日来水未知，因此需要结合洪水预报信息对水库下泄流量实时决策。本书采用 5.1.1 节建立的水库入流预报模型（BP 神经网络），滚动预测龙羊峡和龙-刘区间的当日入流，并结合汛期调度规则进行计算。1981 年汛期洪水是自新中国成立以来黄河上游发生的最大洪水[100]。因此，本书以 1981 年汛期实测洪水为例验证汛期调度规则的可行性，其中已知信息为汛期前 3d 的来水以及各时段的气象信息，采用汛期调度规则对汛期洪水进行调度，计算结果见表 6.8。

表 6.8　　　　　　　　　龙-刘梯级水库汛期调度规则结果

| 日期 | 龙 羊 峡 水 库 | | | | 日期 | 刘 家 峡 水 库 | | | |
	入库/ (m³/s)	出库/ (m³/s)	水位/ m	预警等级		入库/ (m³/s)	出库/ (m³/s)	水位/ m	预警等级
6.10	929	929	2594.00	I	6.11	1073	1073	1726.00	I
6.11	1130	1130	2594.00	I	6.12	1260	1260	1726.00	I
6.12	1200	1200	2594.00	I	6.13	1309	1309	1726.00	I
6.13	1180	1151	2594.01	I	6.14	1262	1262	1725.99	I
6.14	1110	1209	2593.98	I	6.15	1318	1218	1726.05	I

续表

日期	龙 羊 峡 水 库				日期	刘 家 峡 水 库			
	入库/ (m³/s)	出库/ (m³/s)	水位/ m	预警等级		入库/ (m³/s)	出库/ (m³/s)	水位/ m	预警等级
6.15	1030	1048	2593.98	I	6.16	1154	1354	1725.89	I
6.16	972	963	2593.98	I	6.17	1076	1076	1725.90	I
6.17	838	961	2593.95	I	6.18	1102	1102	1725.92	I
6.18	1000	841	2593.99	I	6.19	1041	1041	1725.91	I
6.19	1160	1055	2594.01	I	6.20	1250	1250	1725.96	I
6.20	1260	1401	2593.98	I	6.21	1671	1571	1726.03	I
6.21	1250	1274	2593.98	I	6.22	1549	1749	1725.90	I
6.22	1300	1310	2593.97	I	6.23	1608	1608	1725.89	I
6.23	1400	1305	2593.99	I	6.24	1585	1585	1725.92	I
6.24	1890	2000	2593.97	I	6.25	2341	2341	1725.94	I
6.25	1560	2000	2593.87	I	6.26	2357	2341	1725.94	I
6.26	1360	1357	2593.87	I	6.27	1682	1682	1725.92	I
6.27	1270	1270	2593.87	I	6.28	1562	1562	1725.91	I
6.28	1200	1237	2593.86	I	6.29	1502	1502	1725.91	I
6.29	1100	1145	2593.85	I	6.30	1394	1394	1725.91	I
6.30	1040	1040	2593.85	I	7.1	1282	1282	1725.91	I
7.1	978	994	2593.84	I	7.2	1249	1249	1725.89	I
7.2	942	971	2593.84	I	7.3	1238	1238	1725.87	I
7.3	911	932	2593.83	I	7.4	1216	1216	1725.87	I
7.4	917	988	2593.81	I	7.5	1267	1267	1725.88	I
7.5	960	998	2593.81	I	7.6	1295	1295	1725.87	I
7.6	1210	1047	2593.84	I	7.7	1333	1333	1725.89	I
7.7	1430	1456	2593.84	I	7.8	1797	1797	1725.93	I
7.8	1490	1490	2593.84	I	7.9	1960	1960	1726.17	I
7.9	1790	1490	2593.91	I	7.10	2477	2500	1726.24	I
7.10	2010	1931	2593.93	I	7.11	2832	2500	1726.44	I
7.11	2300	1931	2594.01	I	7.12	2666	2500	1726.50	I
7.12	2540	1931	2594.16	I	7.13	2685	2500	1726.71	I
7.13	2660	1931	2594.33	I	7.14	2771	2500	1727.28	I

续表

	龙 羊 峡 水 库					刘 家 峡 水 库			
日期	入库/ (m^3/s)	出库/ (m^3/s)	水位/ m	预警等级	日期	入库/ (m^3/s)	出库/ (m^3/s)	水位/ m	预警等级
7.14	2690	1931	2594.51	I	7.15	3150	2500	1727.80	I
7.15	2470	1931	2594.63	I	7.16	3021	2500	1728.07	I
7.16	2370	1931	2594.74	I	7.17	2779	2500	1728.21	I
7.17	2280	1931	2594.82	I	7.18	2603	2500	1728.25	I
7.18	2080	1931	2594.86	I	7.19	2487	2500	1728.22	I
7.19	1880	1931	2594.84	I	7.20	2432	2500	1728.14	I
7.20	1750	1931	2594.80	I	7.21	2405	2500	1728.15	I
7.21	1800	1931	2594.77	I	7.22	2590	2500	1728.17	I
7.22	1740	1931	2594.72	I	7.23	2529	2500	1728.10	I
7.23	1480	1931	2594.62	I	7.24	2353	2500	1727.98	I
7.24	1320	1394	2594.60	I	7.25	1790	1890	1727.89	I
7.25	1240	1360	2594.57	I	7.26	1716	1816	1727.81	I
7.26	1160	1315	2594.54	I	7.27	1634	1734	1727.76	I
7.27	1150	1189	2594.53	I	7.28	1516	1616	1727.67	I
7.28	1140	1302	2594.49	I	7.29	1663	1763	1727.62	I
7.29	1110	1257	2594.46	I	7.30	1620	1720	1727.51	I
7.30	984	1150	2594.42	I	7.31	1454	1554	1727.43	I
7.31	905	1079	2594.38	I	8.1	1363	1463	1727.35	I
8.1	868	997	2594.35	I	8.2	1251	1351	1727.27	I
8.2	844	979	2594.31	I	8.3	1213	1313	1727.19	I
8.3	827	947	2594.29	I	8.4	1164	1264	1727.11	I
8.4	792	920	2594.25	I	8.5	1116	1216	1727.05	I
8.5	744	866	2594.23	I	8.6	1076	1176	1727.02	I
8.6	755	819	2594.21	I	8.7	1119	1219	1726.92	I
8.7	804	885	2594.19	I	8.8	1154	1254	1726.85	I
8.8	771	878	2594.17	I	8.9	1132	1232	1726.84	I
8.9	739	864	2594.14	I	8.10	1239	1339	1726.71	I
8.10	771	822	2594.13	I	8.11	1117	1217	1726.63	I
8.11	744	876	2594.10	I	8.12	1166	1266	1726.55	I

| 日期 | 龙 羊 峡 水 库 | | | | 日期 | 刘 家 峡 水 库 | | | |
	入库/ (m³/s)	出库/ (m³/s)	水位/ m	预警等级		入库/ (m³/s)	出库/ (m³/s)	水位/ m	预警等级
8.12	734	804	2594.08	I	8.13	1077	1177	1726.47	I
8.13	718	811	2594.05	I	8.14	1060	1160	1726.39	I
8.14	718	826	2594.03	I	8.15	1080	1180	1726.31	I
8.15	744	829	2594.01	I	8.16	1060	1160	1726.25	I
8.16	739	843	2593.99	I	8.17	1099	1199	1726.20	I
8.17	776	779	2593.99	I	8.18	1082	1282	1726.06	I
8.18	844	876	2593.98	I	8.19	1231	1431	1725.91	I
8.19	911	840	2593.99	I	8.20	1204	1204	1726.02	I
8.20	1010	1039	2593.99	I	8.21	1606	1806	1725.88	I
8.21	984	1023	2593.98	I	8.22	1639	1639	1725.79	I
8.22	1020	1007	2593.98	I	8.23	1472	1472	1725.78	I
8.23	1170	1143	2593.99	I	8.24	1594	1594	1725.78	I
8.24	1220	1318	2593.96	I	8.25	1820	1820	1725.77	I
8.25	1280	1289	2593.96	I	8.26	1804	1804	1725.77	I
8.26	1310	1195	2593.99	I	8.27	1729	1729	1725.76	I
8.27	1450	1467	2593.99	I	8.28	1987	1987	1725.73	I
8.28	1480	2000	2593.86	I	8.29	2483	2483	1725.77	I
8.29	1590	2000	2593.76	I	8.30	2556	2483	1725.81	I
8.30	1640	2000	2593.68	I	8.31	2559	2483	1725.87	I
8.31	1670	2000	2593.60	I	9.1	2575	2483	1725.94	I
9.1	1740	2000	2593.54	I	9.2	2631	2483	1726.16	I
9.2	2180	2000	2593.58	I	9.3	2902	2483	1726.63	I
9.3	2350	2000	2593.67	I	9.4	3320	2483	1727.28	I
9.4	2590	2000	2593.81	I	9.5	3567	2483	1728.01	I
9.5	3190	2000	2594.09	I	9.6	3539	2483	1728.81	I
9.6	3430	2000	2594.42	I	9.7	3612	2483	1729.63	I
9.7	3620	2000	2594.80	I	9.8	3519	2483	1730.33	I
9.8	3670	2000	2595.20	I	9.9	3380	2483	1730.90	I
9.9	4050	2000	2595.68	I	9.10	3233	3157	1730.88	II

续表

日期	龙 羊 峡 水 库				日期	刘 家 峡 水 库			
	入库/ (m³/s)	出库/ (m³/s)	水位/ m	预警等级		入库/ (m³/s)	出库/ (m³/s)	水位/ m	预警等级
9.10	4240	2562	2596.07	Ⅱ	9.11	3560	3157	1731.15	Ⅱ
9.11	4730	2562	2596.57	Ⅱ	9.12	3549	3157	1731.38	Ⅱ
9.12	5230	2562	2597.19	Ⅱ	9.13	3478	3157	1731.57	Ⅱ
9.13	5390	2562	2597.84	Ⅱ	9.14	3411	3157	1731.73	Ⅱ
9.14	5170	2562	2598.44	Ⅱ	9.15	3368	3157	1731.85	Ⅱ
9.15	5050	2562	2599.01	Ⅱ	9.16	3278	3157	1731.92	Ⅱ
9.16	4890	2562	2599.54	Ⅱ	9.17	3230	3157	1731.97	Ⅱ
9.17	4990	2562	2600.09	Ⅱ	9.18	3180	3157	1731.98	Ⅱ
9.18	4830	2562	2600.61	Ⅱ	9.19	3141	3157	1731.97	Ⅱ
9.19	4430	2562	2601.03	Ⅱ	9.20	3108	3157	1731.94	Ⅱ
9.20	3990	2562	2601.36	Ⅱ	9.21	3082	3157	1731.88	Ⅱ
9.21	3580	2562	2601.58	Ⅱ	9.22	3068	3157	1731.82	Ⅱ
9.22	3290	2562	2601.75	Ⅱ	9.23	3057	3157	1731.75	Ⅱ
9.23	3010	2562	2601.85	Ⅱ	9.24	3032	3157	1731.68	Ⅱ
9.24	2810	2562	2601.91	Ⅱ	9.25	3019	3157	1731.58	Ⅱ
9.25	2670	2562	2601.93	Ⅱ	9.26	2987	3157	1731.46	Ⅱ
9.26	2490	2562	2601.91	Ⅱ	9.27	2954	3157	1731.35	Ⅱ
9.27	2380	2562	2601.87	Ⅱ	9.28	3028	3157	1731.25	Ⅱ
9.28	2300	2562	2601.81	Ⅱ	9.29	3015	3157	1731.16	Ⅱ
9.29	2170	2562	2601.73	Ⅱ	9.30	3075	3157	1731.08	Ⅱ
9.30	2070	2562	2601.61	Ⅱ	10.1	3037	3157	1730.99	Ⅱ
10.1	2090	2325	2601.56	Ⅰ	10.2	2786	2601	1731.12	Ⅰ
10.2	2120	2366	2601.51	Ⅰ	10.3	2840	2655	1731.24	Ⅰ
10.3	2210	2455	2601.45	Ⅰ	10.4	2957	2772	1731.35	Ⅰ
10.4	2260	2578	2601.38	Ⅰ	10.5	3067	2882	1731.48	Ⅰ
10.5	2320	2517	2601.33	Ⅰ	10.6	3056	2871	1731.61	Ⅰ
10.6	2310	2612	2601.27	Ⅰ	10.7	3143	2958	1731.74	Ⅰ
10.7	2250	2518	2601.21	Ⅰ	10.8	3059	2874	1731.87	Ⅰ
10.8	2250	2501	2601.15	Ⅰ	10.9	3015	2830	1732.00	Ⅰ

日期	龙 羊 峡 水 库				日期	刘 家 峡 水 库			
	入库/ (m^3/s)	出库/ (m^3/s)	水位/ m	预警等级		入库/ (m^3/s)	出库/ (m^3/s)	水位/ m	预警等级
10.9	2260	2497	2601.10	I	10.10	2998	2813	1732.12	I
10.10	2210	2426	2601.05	I	10.11	2895	2710	1732.26	I
10.11	2130	2342	2601.00	I	10.12	2800	2615	1732.39	I
10.12	2000	2286	2600.93	I	10.13	2703	2518	1732.54	I
10.13	1920	2141	2600.88	I	10.14	2555	2370	1732.66	I
10.14	1860	2099	2600.83	I	10.15	2506	2321	1732.78	I
10.15	1780	2035	2600.77	I	10.16	2413	2228	1732.91	I
10.16	1720	1964	2600.72	I	10.17	2332	2147	1733.03	I
10.17	1670	1944	2600.66	I	10.18	2289	2104	1733.16	I
10.18	1610	1880	2600.59	I	10.19	2215	2030	1733.28	I
10.19	1520	1794	2600.53	I	10.20	2120	1935	1733.41	I
10.20	1440	1690	2600.48	I	10.21	2005	1820	1733.53	I
10.21	1380	1635	2600.42	I	10.22	1937	1752	1733.66	I
10.22	1310	1581	2600.36	I	10.23	1880	1695	1733.78	I
10.23	1250	1507	2600.30	I	10.24	1787	1602	1733.90	I
10.24	1220	1459	2600.24	I	10.25	1729	1544	1734.03	I
10.25	1170	1431	2600.18	I	10.26	1683	1498	1734.16	I
10.26	1140	1358	2600.14	I	10.27	1604	1419	1734.29	I
10.27	1110	1358	2600.08	I	10.28	1600	1415	1734.42	I
10.28	1070	1315	2600.02	I	10.29	1552	1367	1734.56	I
10.29	1040	1270	2599.97	I	10.30	1503	1318	1734.69	I
10.30	1020	1263	2599.92	I	10.31	1492	1307	1734.82	I

　　由表6.8可知，1981年汛期主要发生了三场洪水，在6月24日前龙羊峡水库来水均小于1500m^3/s，因此按入库流量下泄，之后水库遭遇第一场洪水，龙羊峡水库启动汛期调度规则，由于该场洪水持续时间较短，龙羊峡水库来水很快就降至1500m^3/s以下，故龙羊峡水库只维持2000m^3/s泄量两天，随后继续按入库流量下泄。到7月9日时，龙羊峡水库遭遇第二场洪水，但由于当日预测流量偏小，导致龙羊峡水库起调日期延后至7月10日，龙羊峡水库按起调流量1931m^3/s稳定下泄至7月23日，至此，水库安全度过第二场洪水，期间水库预

警等级均处于 1 级。在 7 月 24 日至 8 月 28 日期间，流域未发生较大洪水，龙羊峡水库各时段泄量在入库流量的基础上加大 $100m^3/s$，逐渐腾空防洪库容，以应对后续时段可能发生的洪水。到 8 月 29 日，水库遭遇第三场洪水，由于预报误差，龙羊峡水库在 8 月 28 日提前蓄水，起初维持 $2000m^3/s$ 稳定下泄 13d，期间预警等级均为 1 级。随着上游干流来水逐渐增大，到 9 月 10 日龙羊峡水库预警等级增至 2 级，水库加大泄量至 $2562m^3/s$，之后均按该泄量稳定下泄至 9 月 30 日，安全度过洪峰，期间水库预警等级处于 2 级。从 10 月 1 日起，水库已进入于汛末蓄水阶段，水库调度的目标应逐渐从防洪转向兴利，因此，水库开始采取线性蓄水的方式逐步蓄至兴利水位，经计算龙羊峡水库应在入库流量的基础上增加 $253m^3/s$ 的泄量下泄，调度结束时，龙羊峡水库汛末水位为 2599.92m。

刘家峡水库在 6 月 24 日前同样按入库流量下泄，在龙羊峡水库进入防洪预警调度阶段后，刘家峡水库维持 $2341m^3/s$ 泄量下泄 2d，随后按入库流量下泄。到了 7 月 10 日，龙、刘两库进入防洪预警调度阶段，由于上游龙羊峡水库拦蓄了大量洪水，刘家峡水库的入库流量比较稳定，一直按 $2500m^3/s$ 稳定下泄至 7 月 23 日。在 8 月 29 日前，流域均未发生较大洪水，故刘家峡水库在入库流量的基础上增加 $100m^3/s$ 泄量下泄，及时腾空防洪库容。从 29 日开始，刘家峡水库再度进入防洪预警调度阶段，水库先按 $2483m^3/s$ 泄洪，一直持续到 9 月 9 日。由于上游龙羊峡水库加大泄量，从 10 日起刘家峡水库预警等级增至 2 级，处于轻度危险状态，因此刘家峡水库泄量增至 $3157m^3/s$，之后按 $3157m^3/s$ 持续泄洪至 10 月 1 日，期间水库预警等级处于 2 级。10 月 2 日后，刘家峡水库按每日 $182m^3/s$ 流量蓄水，逐步蓄至兴利水位，调度结束时，刘家峡水库汛末水位为 1734.82m。在整个汛期调度过程中，龙羊峡水库的最高水位 2601.93m，最大下泄流量 $2612m^3/s$；刘家峡水库最高水位（进入汛末蓄水阶段前）1731.98m，最大下泄流量 $3157m^3/s$。龙、刘两库的预警等级均由 1 级增至 2 级，后又降至 1 级，两库水位均经历了两个涨落阶段，分别对应汛期发生的后两场洪水，最后两库的汛末蓄水位均维持在兴利水位附近，具体调度过程如图 6.7 与图 6.8 所示。

6.2.2 汛期调度规则评价

从防洪方面来看，龙羊峡水库削峰率 51.54%，水库滞洪量 22.07 亿 m^3；刘家峡水库削峰率 12.60%，水库滞洪量 11.20 亿 m^3，梯级水库联合削峰率 32.98%。从兴利方面来看，龙羊峡水库汛期平均运行水位 2596.43m，刘家峡水库汛期平均运行水位 1728.77m，平均高出汛限水位 2.44～2.77m；龙羊峡水库汛末蓄水位 2599.92m，刘家峡水库汛末蓄水位 1734.82m，均十分接近兴利水位。综合分析，龙-刘梯级水库在本场汛期洪水调度过程中，调度结果科学合理，水库能够有效削减洪峰和滞蓄水量，且泄流过程十分平稳，汛期平均运行水

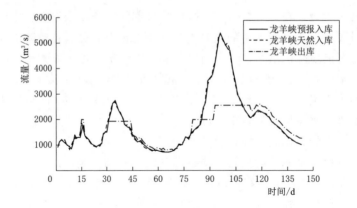

（a）龙羊峡调度过程

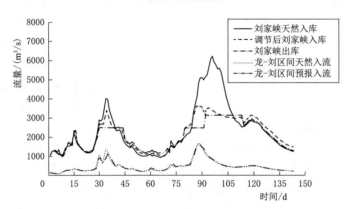

（b）刘家峡调度过程

图 6.7　1981 年汛期洪水调度泄流过程

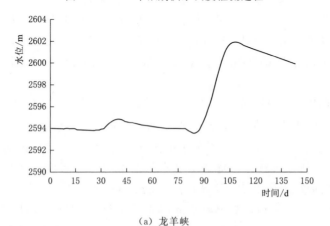

（a）龙羊峡

图 6.8（一）　1981 年汛期洪水调度水位变化过程

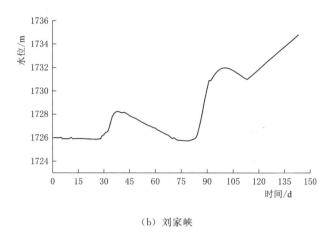

（b）刘家峡

图6.8（二）　1981年汛期洪水调度水位变化过程

位和汛末蓄水位均满足兴利需求，龙、刘两库在汛期的大部分时段均处于安全状态，仅在入库洪水过大时，有20d处于轻度危险状态。梯级水库汛期调度规则能够有效缓和防洪与兴利方面的矛盾，确保水库安全度汛，充分利用洪水资源抬高水位，及时完成兴利任务，在确保水库防洪安全的情况下，发挥更大的兴利作用。

通过对洪水期与汛期洪水的调度，本书从防洪与兴利方面评价了梯级水库汛期调度规则，下面将进一步从科学性和操作性两方面对其进行综合评价。

（1）科学性。

梯级水库汛期调度规则是基于梯级水库防洪优化调度模型与防洪预警调度方法所建立的。以设计洪水的优化调度结果为基础，结合防洪预警调度方法用于计算预警等级，再将防洪状态以预警灯号的形式表现，能够及时向决策者传达预警信号，提醒人们做好防洪抗灾准备，并给出具体的泄洪跳级策略，以供水库管理人员参考借鉴。在如今，全球极端降水事件频发，梯级水库汛期调度规则具有更加广泛的应用前景，可为梯级水库的防洪预警调度提供参考依据。此外，该调度规则还可以随着未来洪水形势变化，加入更多的设计洪水资料用于更新参数，具有很强的适应能力。

（2）操作性。

梯级水库汛期调度规则操作简便，该规则有效结合了洪水预报系统实时预测当日洪量，根据当日来水信息和调洪库容利用情况合理控制水库泄量，不仅能够确保水库及防护对象的安全，还能在调度过程中保证水库均匀泄流，避免闸门频繁启闭，减少了操作的复杂程度。此外，该规则基于预警等级指导水库跳级泄洪，能够根据水库的防洪状态及时调整泄量达到削峰滞洪的效果，又能在保证防洪安全的情况下适时蓄水，无须调度人员再根据经验人工决策。

6.3　本　章　小　结

本章以 1964 年、1967 年实测洪水和 1000 年一遇设计洪水重点考察了汛期调度规则与常规调度规则的洪水期调度效果，之后采用 1981 年汛期实测洪水，结合洪水预报模型进行实时调度，从防洪与兴利效益、科学性、操作性三个方面对调度规则进行了综合评价。

第7章

结 论 与 展 望

7.1 结 论

本书主要分析了以往设计洪水方法存在的问题，提出多目标均衡优化法用于推求黄河上游流域设计洪水，构建了考虑气象信息的短期洪水预报模型，用于预测龙-刘梯级水库的当日来水，基于阶梯式调度方法建立了梯级水库防洪优化调度模型，提出一种能够反映水库综合防洪压力的防洪状态矩阵，并划分出防洪预警等级用于指导水库泄洪，结合洪水预报模型建立了梯级水库汛期调度规则，并与现行汛期调度规则进行对比，通过研究得到以下主要结论：

（1）基于均衡和优化思想，提出考虑设计洪水洪峰误差、洪量误差和形状误差的多目标均衡优化法，该方法推求的设计洪水在峰、量、形方面均表现良好，综合评价指标最优，相比其他方法能够更好地满足推求设计洪水的要求，并有效减少了计算的复杂性和不确定性。

（2）以黄河上游流域气象水文资料为基础，采用逐步回归分析法对预报因子进行筛选处理，建立了预见期为 1d 的短期洪水预报模型，经过三种模型的对比验证，BP 神经网络模型在率定期与验证期的预报精度均要优于其他方法。因此，推荐采用 BP 神经网络模型预测黄河上游地区的当日洪量。

（3）以防洪与兴利指标为基础，构建了以防洪为主兼顾兴利效益的梯级水库优化调度模型，利用阶梯式调度方法改进适应度函数，最终得到了满足优化目标的水库均匀泄流过程。

（4）构建了梯级水库防洪状态矩阵以反映水库的综合防洪压力，根据多场次设计洪水的优化调度过程计算防洪预警指标值，划分相应预警等级，并给出对应的泄洪策略，用于指导水库调度。

（5）结合洪水预报模型与防洪预警方法建立了梯级水库汛期调度规则，并与现行汛期调度规则（"常规调度规则"）进行了对比，重点考察了两种调度规则在洪水期的调度效果。在不同洪水情景下，汛期调度规则的防洪与兴利效益均要高出常规调度规则，水库联合削峰率高出 9.5%～27.3%，水库最大滞洪量高出 0.90 亿～17.12 亿 m³；平均运行水位和调洪结束水位高出 0.09～2.71m，具体表现为削峰率更高，滞洪量更大，水库平均运行水位和调洪结束水位更高。因此，该规则能在保证水库防洪安全的前提下，更好的发挥水库的兴利作用。

（6）考虑汛期调度的特点与水库入流的不确定性，以汛期实测洪水为例进行实时调度，经实例验证，水库联合削峰率达 32.98%；水库平均运行水位高出汛限水位 2.44～2.77m；龙羊峡水库汛末蓄水位 2599.92m，刘家峡水库汛末蓄水位 1734.82m，两库汛末水位均接近兴利水位。因此，该规则能够确保梯级水库安全度汛，有效利用洪水资源抬高水位，及时完成兴利任务。缓和水库汛期防洪与兴利间的矛盾，且科学性和操作性良好，具有广泛的应用前景。

7.2 展　望

本书结合洪水预报预警系统对梯级水库的汛期调度方法开展研究并取得初步成果，但仍有不足之处有待完善。

（1）洪水预报模型的预见期有待延长，本书采用的预报模型结构较为简单，当模型预见期延长后，预报精度有所下降，从而影响水库实时调度决策。因此，在后续研究中，可以考虑改进预报模型方法或采用多方法耦合的方式进一步提高模型的预报精度，延长预见期，以降低洪水不确定性的影响。

（2）本书采用的是固定汛限水位控制法，即汛期各阶段汛限水位保持不变，采用该方法调度相对保守，难以充分发挥水库的兴利作用。因此，在后续研究中，可以将动态汛限水位控制法应用于梯级水库联合调度，以更好缓和防洪与兴利间的矛盾。

（3）本书提出的防洪状态矩阵是基于数理方法构建的经验性公式，目前还很难从物理角度出发解释其含义。在实际调度中，汛期洪水复杂多变，可以适当结合物理方法进行研究，提升模型的泛用性，以便更好地应对未来多变的洪水情势。

参 考 文 献

［1］ 刘宁. 大江大河防洪关键技术问题与挑战 ［J］. 水利学报，2018，49（1）：19-25.

［2］ Willner S N, Otto C, Levermann A. A Global economic response to river floods ［J］. Nature Clim Change, 2018, 8（7）：594-598.

［3］ Bao J, Sherwood S C, Alexander L V, et al. Future increases in extreme precipitation exceed observed scaling rates ［J］. Nature Climate Change, 2017, 7（2）：128-132.

［4］ 吴燕娟. 气候变化背景下我国极端降水的时空分布特征和未来预估 ［D］. 上海：上海师范大学，2016.

［5］ 解阳阳. 梯级水库防洪调度与预警模式研究：以黄河上游为例 ［D］. 西安：西安理工大学，2014.

［6］ 程子浩，黄方圆，邓心怡，等. 1998年洪灾以来国内洪灾防治新进展 ［J］. 科技创新与应用，2020（15）：63-66.

［7］ 尚文绣，许明一，尚弈，等. 龙羊峡水库调度对径流的影响及蓄补水规律 ［J/OL］. 南水北调与水利科技（中英文）：1-10 ［2022-04-04］.

［8］ 夏正兵. 黄河流域极端气候下降雨侵蚀力时空特征研究 ［J］. 水电能源科学，2021，39（7）：16-19.

［9］ 王浩，王旭，雷晓辉，等. 梯级水库联合调度关键技术发展历程与展望 ［J］. 水利学报，2019，50（1）：25-37.

［10］ 周婷，戚王月，金菊良. 水库群优化调度中的结构分析方法研究进展 ［J］. 长江科学院院报，2020，37（12）：14-21，27.

［11］ Jiang Z, Qin H, Wu W, et al. Studying Operation Rules of Cascade Reservoirs Based on Multi-Dimensional Dynamics Programming ［J］. Water, 2018, 10（1）：20.

［12］ Lai V, Huang Y F, Koo C H, et al. A Review of Reservoir Operation Optimisations：from Traditional Models to Metaheuristic Algorithms ［J/OL］. Arch Computat Methods Eng, 2022. Doi：10.1007/s11831-021-09701-8.

［13］ 罗志远，尹智力，杨全明. 等流量与等出力法计算电站效益的差异性研究 ［J］. 水科学与工程技术，2012（2）：72-73.

［14］ Almubaidin M A A, Ahmed A N, Sidek L B M, et al. Using Metaheuristics Algorithms（MHAs）to Optimize Water Supply Operation in Reservoirs：a Review ［J/OL］. Arch Computat Methods Eng, 2022.

［15］ 王本德，周惠成，卢迪. 我国水库（群）调度理论方法研究应用现状与展望 ［J］. 水利学报，2016，47（3）：337-345.

［16］ Ahmad A, El-Shafie A, Razali S F M, et al. Reservoir Optimization in Water Resources：a Review ［J］. Water Resources Management 2014, 28（11）：3391-3405.

［17］ Young G K. Finding reservoir operating rules ［J］. Journal of the Hydraulics Division,

1967，93（6）：297－322.

[18] Dobson B，Wagener T，Pianosi F. An argument－driven classification and comparison of reservoir operation optimization methods [J]. Advances in Water Resources，2019，128（6）：74－86.

[19] 聂盼盼，李英海，王永强，等. 基于 Apriori 算法的水库优化调度规则提取方法 [J]. 水利水电技术（中英文），2021，52（10）：164－171.

[20] 郭玉雪，方国华，闻昕，等. 水电站分期发电调度规则提取方法 [J]. 水力发电学报，2019，38（1）：20－31.

[21] Sangiorgio M，Guariso G. NN－Based Implicit Stochastic Optimization of Multi－Reservoir Systems Management [J]. Water，2018，10（3）：303.

[22] Sulis A. Improved Implicit Stochastic Optimization Technique under Drought Conditions：the Case Study of Agri－Sinni Water System [J]. International Journal of River Basin Management，2017，16（4）：493－504.

[23] Koutsoyiannis D，Economou A. Evaluation of the parameterization simulation optimization approach for the control of reservoir systems [J]. Water Resources Research，2003，39（6）：1－17.

[24] 彭勇，徐炜，姜宏广. 深圳市西部城市供水水库群联合调度研究 [J]. 水力发电学报，2016，35（11）：74－83.

[25] 郭旭宁，秦韬，雷晓辉，等. 水库群联合调度规则提取方法研究进展 [J]. 水力发电学报，2016，35（1）：19－27.

[26] He S，Guo S，Yin J，et al. A novel impoundment framework for a mega reservoir system in the upper Yangtze River basin [J]. Applied Energy，2022，305（12）：117792.

[27] Stamou A T，Rutschmann P. Pareto Optimization of Water Resources Using the Nexus Approach [J]. Water Resour Manage，2018，32：5053－5065.

[28] Macian - Sorribes H，Pulido - Velazquez M. Inferring efficient operating rules in multireservoir water resource systems：A review [J]. Wiley Interdisciplinary Reviews：Water，2020，7（1）：1－24.

[29] 王丽萍，王渤权，李传刚，等. 基于贝叶斯统计与 MCMC 思想的水库随机优化调度研究 [J]. 水利学报，2016，47（9）：1143－1152.

[30] 李文武，刘江鹏，蒋志强，等. 基于 HSARSA（λ）算法的水库长期随机优化调度研究 [J]. 水电能源科学，2020，38（12）：53－57.

[31] Celeste A B，Siqueira J I P，Cai X. Using Inflow Records to Approximate Solutions to Statistical Moment Equations of an Explicit Stochastic Reservoir Optimization Method [J]. Journal of Water Resources Planning and Managemment，2021，147（7）：1－5.

[32] Alizadeh H，Mousavi S J，Ponnambalam K. Copula－Based Chance－Constrained Hydro－Economic Optimization Model for Optimal Design of Reservoir－Irrigation District Systems Under Multiple Interdependent Sources of Uncertainty [J]. Water Resources Research，2018，54（8）：5763－5784.

[33] Jahandideh - Tehrani M，Bozorg - Haddad O，Loaiciga H A. A review of applications of animal - inspired evolutionary algorithms in reservoir operation modelling [J].

Water and Environment Journal，2020，35（2）：628－646.

[34] Mays L W，Tung Y K．1992．HydroSystems Engineering and Management［M］. New York：McGraw－Hill.

[35] 郭生练，陈炯宏，刘攀，等．水库群联合优化调度研究进展与展望［J］．水科学进展，2010，21（4）：496－503.

[36] 孙平，王丽萍，蒋志强，等．两种多维动态规划算法在梯级水库优化调度中的应用［J］．水利学报，2014，45（11）：1327－1335.

[37] 史亚军，彭勇，徐炜．基于灰色离散微分动态规划的梯级水库优化调度［J］．水力发电学报，2016，35（12）：35－44.

[38] 李克飞，武见，董滇红，等．基于DPSA的水库优化调度方案研究［J］．人民黄河，2015，37（10）：128－130.

[39] 赵志鹏，廖胜利，程春田，等．梯级水电站群中长期优化调度的离散梯度逐步优化算法［J］．水利学报，2018，49（10）：1243－1253.

[40] He S，Guo S，Chen K，et al．Dataset for reservoir impoundment operation coupling parallel dynamic programming with importance sampling and successive approximation［J］．Data in Brief，2019，26：104440.

[41] 纪昌明，马皓宇，吴嘉杰，等．梯级水库短期优化调度模型的精细化与GPU并行实现［J］．水利学报，2019，50（5）：535－546.

[42] 王丽萍，李宁宁，阎晓冉，等．基于改进电子搜索算法的梯级水库联合发电优化调度［J］．控制与决策，2020，35（8）：1916－1922.

[43] 明波，黄强，王义民，等．基于改进布谷鸟算法的梯级水库优化调度研究［J］．水利学报，2015，46（3）：341－349.

[44] 吴志远，黄显峰，李昌平，等．基于分段粒子群算法的梯级水库多目标优化调度模型研究［J］．水资源与水工程学报，2020，31（3）：145－154.

[45] Pourtakdoust S H，Zandavi S M．A Hybrid Simplex Non－dominated Sorting Genetic Algorithm for Multi－Objective Optimization［J］．International Journal of Swarm Intelligence Evolutionary Computation，2016，5（3）：3－11.

[46] Moeini R，Babaei M．Constrained improved particle swarm optimization algorithm for optimal operation of large scale reservoir：proposing three approaches［J］．Evolving Systems，2017，8（4）：287－301.

[47] 纪昌明，马皓宇，李传刚，等．基于可行域搜索映射的并行动态规划［J］．水利学报，2018，49（6）：649－661.

[48] 吴昊，纪昌明，蒋志强，等．梯级水库发电优化调度的大系统分解协调模型［J］．水力发电学报，2015，34（11）：40－50.

[49] Ma Y，Zhong P，Xu B，et al．Multidimensional Parallel Dynamic Programming Algorithm Based on Spark for Large－Scale Hydropower Systems［J］．Water Resour Management，2020，34（11）：3427－3444.

[50] Jia B，Zhong P，Wan X，et al．Decomposition－coordination model of reservoir group and flood storage basin for real－time flood control operation［J］．Hydrology Research，2015，46（1）：11－25.

[51] 方洪斌，王梁，李新杰．水库群调度规则相关研究进展［J］．水文，2017，37（1）：

14 – 18.

[52] 尹正杰，王小林，胡铁松，等. 基于数据挖掘的水库供水调度规则提取 [J]. 系统工程理论与实践，2006（8）：129 – 135.

[53] 高玉琴，周桐，马真臻，等. 考虑天然水文情势的水库调度图优化 [J]. 水资源保护，2020，36（4）：60 – 67.

[54] Zhao J，Cai X，Wang Z. Optimality conditions for a two – stage reservoir operation problem [J]. Water Resources Research，2011，47（8）：532 – 560.

[55] 刘志刚，胡斌奇，伍永刚，等. 基于云模型的水库调度函数拟合方法研究 [J]. 水电能源科学，2017，35（3）：53 – 56，23.

[56] Kumar A R S，Goyal M K，Ojha C S P，et al. Application of ANN，Fuzzy Logic and Decision Tree Algorithms for the Development of Reservoir Operating Rules [J]. Water Resources Management，2013，27（3）：911 – 925.

[57] 解阳阳，黄强，张节潭，等. 水电站水库分期调度图研究 [J]. 水力发电学报，2015，34（8）：52 – 61.

[58] 张永永，姜瑾，吴成国，等. 梯级水库调度函数表征形式应用研究 [J]. 西北农林科技大学学报（自然科学版），2014，42（12）：221 – 226.

[59] Yang G，Guo S，Liu P，et al. Heuristic Input Variable Selection in Multi – Objective Reservoir Operation [J]. Water Resources Management，2020，34（2）：617 – 636.

[60] Feng Z，Niu W，Zhang R，et al. Operation rule derivation of hydropower reservoir by k – means clustering method and extreme learning machine based on particle swarm optimization [J]. Journal of Hydrology，2019，576：229 – 238.

[61] Artinyan E，Vincendon B，Kroumova K，et al. Flood forecasting and alert system for Arda River basin [J]. Journal of Hydrology，2016，541：457 – 470.

[62] Mourato S，Fernandez P，Marques F，et al. An interactive Web – GIS fluvial flood forecast and alert system in operation in Portugal [J]. International Journal of Disaster Risk Reduction，2021，58（4）：102201.

[63] 刘敏. 致洪暴雨预报预警系统关键技术研究 [D]. 武汉：武汉理工大学，2005.

[64] Parker D J，Priest S J. The Fallibility of Flood Warning Chains：Can Europe's Flood Warnings Be Effective [J]. Water Resources Management，2012，26（10）：2927 – 2950.

[65] Alfieri L，Zsoter E，Harrigan S，et al. Range – dependent thresholds for global flood early warning [J]. Journal of Hydrology X，2019，4：100034.

[66] Chang L C，Chang F J，Yang S N，et al. Building an Intelligent Hydroinformatics Integration Platform for Regional Flood Inundation Warning Systems [J]. Water，2019，11（1），9.

[67] Marco Luppichini，Michele Barsanti，Monica Bini，et al. Deep learning models to predict flood events in fast – flowing watersheds [J]. Research Paper，2021，813：151885.

[68] Goodarzi L，Banihabib M E，Roozbahani A. A Decision – Making Model for Flood Warning System Based on Ensemble Forecasts [J]. Journal of Hydrology，2019，573：207 – 219.

[69] 万定生，王坤，朱跃龙，等. 中小河流洪水预报智能调度平台关键技术 [J]. 河海大

学学报（自然科学版），2021，49（3）：204-212.

[70] 涂华伟，彭涛，彭虹，等. 基于洪水过程的山区小流域洪水预警研究：以四川省白沙河流域为例 [J]. 人民长江，2020，51（6）：11-16.

[71] 梁忠民，唐甜甜，李彬权，等. 洪水超前预警综合评价方法研究及应用 [J]. 人民黄河，2019，41（10）：82-86.

[72] 寇嘉玮，董增川，周洁，等. 基于 WebGIS 的洪泽湖地区洪水预报预警系统 [J]. 水资源与水工程学报，2017，28（6）：145-150，157.

[73] 郭磊，舒全英，刘攀，等. 鳌江流域洪水风险动态预警预报研究 [J]. 中国农村水利水电，2019（6）：35-38，43.

[74] 张丽洁. 黄河流域水资源承载力评价研究 [D]. 咸阳：西北农林科技大学，2019.

[75] 王晓宇. 黄河流域梯级水库多目标调度规则研究 [D]. 西安：西安理工大学，2019.

[76] 史辅成，易元俊，高治定. 黄河流域暴雨与洪水 [M]. 郑州：黄河水利出版社，1997.

[77] 王振亚，郑世林. 气象水文模型耦合在黄河三花间洪水预报中的应用 [J]. 气象与环境科学，2014，37（2）：8-13.

[78] 万育生，王栋，黄朝君. 丹江口水库来水情势分析与径流预测 [J]. 南水北调与水利科技，2021，19（3）：417-426.

[79] 梁浩，黄生志，孟二浩，等. 基于多种混合模型的径流预测研究 [J]. 水利学报，2020，51（1）：112-125.

[80] 张德丰. MATLAB 神经网络仿真与应用 [M]. 北京：电子工业出版社，2009.

[81] 郭生练，熊立华，熊丰，等. 梯级水库运行期设计洪水理论和方法 [J]. 水科学进展，2020，31（5）：734-745.

[82] 梁忠民，钟平安，华家鹏. 水文水利计算 [M]. 北京：中国水利水电出版社，2006.

[83] 黄成剑，解阳阳，刘赛艳，等. 基于多目标均衡优化的设计洪水推求方法 [J]. 水资源与水工程学报，2021，32（6）：87-93.

[84] 陈元芳. 随机模拟法与传统方法推求设计防洪库容优劣的初步研究 [J]. 水科学进展，2000，11（1）：64-69.

[85] 张彦洪. 同频率直接放大法推求设计洪水过程线 [J]. 人民黄河，2016，38（2）：48-50，62.

[86] 肖琳，邱林，陈晓楠. 基于粒子群算法的设计洪水过程线推求优化方法 [J]. 水电能源科学，2008，26（1）：56-59.

[87] 刘贵明，李晓英. 水库优化调度的粒子群算法 [J]. 中国农村水利水电，2013（6）：156-158.

[88] 解阳阳. 基于径流预报的黑河流域水资源调配研究 [D]. 西安：西安理工大学，2017.

[89] 杜捷. 农业水土资源利用评价与均衡优化调控研究 [D]. 北京：北京林业大学，2020.

[90] 赵鑫，马贵生，万永良，等. 堤防工程堤基渗流安全评价方法 [J]. 长江科学院院报，2019，36（10）：79-84.

[91] 杨桂元，郑亚豪. 多目标决策问题及其求解方法研究 [J]. 数学的实践与认识，2012，42（2）：108-115.

［92］ 付强. 水资源系统分析［M］. 北京：中国水利水电出版社，2012.

［93］ 邹琳. 基于降雨量的非充分灌溉水量优化配置［D］. 上海：东华大学，2018.

［94］ 刘广宇，鄢尚. 基于优化组合方案的梯级水库泄洪闸门数字化及其应用［J］. 工程科学与技术，2017，49（S1）：50-58.

［95］ 王有香，王金文，张铭. 基于同频率地区组成法的梯级水库联合防洪预报调度［J］. 水资源与水工程学报，2016，27（3）：133-137.

［96］ 潘益斌，袁翔，施准备. 基于风险评价指数矩阵法的水利水电工程运行状态分析［J］. 大坝与安全，2016（1）：46-49.

［97］ 国家电力公司西北勘测设计研究院. 黄河龙羊峡水电站勘测设计重点技术问题总结：第二卷［M］. 北京：中国电力出版社，2003.

［98］ 王天宇，董增川，付晓花，等. 黄河上游梯级水库防洪联合调度研究［J］. 人民黄河，2016，38（2）：40-44.

［99］ 原文林，黄强，席秋义，等. JC法在梯级水库防洪安全风险分析中的应用［J］. 人民黄河，2011，33（8）：14-16.

［100］ 孟雪姣，畅建霞，王义民，等. 考虑预警的黄河上游梯级水库防洪调度研究［J］. 水力发电学报，2017，36（9）：48-59.